ちくま

ガロア理論入門

エミール・アルティン
寺田文行 訳

筑摩書房

EMIL ARTIN
GALOISSCHE THEORIE
B. G. Teubner Verlagsgesellschaft
Leipzig, 1959

まえがき

この著書の初版は，私がノートルダム大学の夏期学校で行なった講義のノートに，N. A. Milgram 氏が，この理論の応用に関する付録を書き加えたものであった．その講義の目的は，代数学に関しては僅かな予備知識しかもたない学生に対して，ごく短期間にガロア理論の方法と問題点を知らせることにあった．

その初版のドイツ語訳の提案をうけたとき，私はついでに現代代数学の理論への入門をつけ加えるのが良いのではないかとも考えた．しかし熟慮ののち，私は当初の方針を保持し，前と同様の読者層を対象とすることを決意した．今日世の中に現代代数学の基礎理論を与える教科書は十分なほどに用意されているからである．

さて，その初版のドイツ語訳はまず Ziegler 氏によって行なわれたが，そのとき第2章と第3章に修正を要する点が少なくないことが判明した．第2章における大きな修正は次の点である．一つはガロア理論の基本定理の証明を初版にくらべて一層整ったものにしたことである．次は1の累乗根に関する節で，円周等分多項式の既約性の証明をとりあげ，整数を係数とする多項式の分解に関する定理

を用いないでランダウによる方法を用いたことである．最後の第3章は新しく完全に書き改めた．

　以上のような改造に当って Hel Braun 女史には大変お世話になった．また校正に当っては H. Reichardt 氏に貴重な御意見をいただいたことを深謝する．

　ハンブルクにて，1959年8月
　　　　　　　　　　　エミール・アルティン

目　次

まえがき　3

第1章　線形代数

1. 体 …………………………………………………… 9
2. ベクトル空間 …………………………………………… 10
3. 同次線形連立方程式 …………………………………… 12
4. ベクトルの従属性,独立性 …………………………… 15
5. 非同次線形連立方程式 ………………………………… 23
6. 行　列　式 ……………………………………………… 25

第2章　体　　論

1. 拡　大　体 ……………………………………………… 38
2. 多　項　式 ……………………………………………… 41
3. 代数的要素 ……………………………………………… 45
4. 分　解　体 ……………………………………………… 55
5. 多項式の既約因子分解 ………………………………… 59
6. 群　指　標 ……………………………………………… 61
7. 定理13の応用例 ………………………………………… 66
8. 正規拡大体 ……………………………………………… 72
9. 代数的分離拡大体 ……………………………………… 86
10. アーベル群とその応用 ………………………………… 98
11. 1の累乗根 ……………………………………………… 110
12. ネーター等式 …………………………………………… 117
13. クンマー体 ……………………………………………… 121
14. 正規底の存在 …………………………………………… 130
15. 推進定理 ………………………………………………… 133

第3章 応　用

1. 群論からの追加 ……………………………… 136
2. 方程式の累乗根による可解性 ……………… 146
3. 方程式のガロア群 …………………………… 150
4. コンパスと定規による作図 ………………… 162

問題解答 168
訳者あとがき 204
文庫版訳者あとがき 206
解説 「ガロア理論」について（佐武一郎） 211
索　引 219

ガロア理論入門

第1章　線形代数

1. 体

　[概要] 体の概念は既知としているが，代数学にはじめての読者は複素数体の部分集合で四則で閉じたものをモデルにして読みはじめてもよい．

　乗法と加法とよばれる2つの演算が定義されている集合を体という．この2つの演算は，実数の集合における乗法と加法に類似のものであって，実数の集合自体も体の1つである．体 K には0および1とよばれる要素が1つずつ存在する．それらと K の他の要素との演算の結果は，実数の集合における0および1の場合と同じである．

　しかし一般の体は次の2点では実数の集合に類似でない．

　1. 一般の体では乗法の可換性を仮定しない．

　2. 有限個の要素からなる体もある．

　正確にいえば，体とは，まず加法についてアーベル群をなし，次に零を除いた残りが乗法について群をなし，しかも2つの群演算が分配法則によって結びつけられている集合である．ここで，零と任意の要素との積が零になることが容易に確かめられる．

乗法が可換であるような体を**可換体**という．ある体において，乗法についての可換性がなりたたないときは，その体を**斜体**とよぶ．

問題 1-1 （1） 2要素だけからなる体の和と積の演算表をつくれ．

（2） 3要素だけからなる体の和と積の演算表をつくれ．

問題 1-2 （1） a, b を整数とするとき，$a+bi$ の全体は体をつくらない．理由を述べよ．

（2） a, b を有理数とするとき，$a+bi$ の全体は体をつくる．これを証明せよ（この体を**ガウスの数体**という）．

問題 1-3 p を素数とし，
$$Z_p = \{0, 1, 2, \cdots, p-1\}$$
とする．$a \in Z_p, b \in Z_p$ のとき，$a \oplus b, a \circ b$ をそれぞれ $a+b$，ab を p で割ったときの余り，と定める．すると集合 Z_p は演算 $\oplus, \circ$ のもとで可換体であることを示せ．

問題 1-4 有限個の要素からなる体を**有限体**という．有限体 K が q 個の要素をもてば，K の任意の要素 x は $x^q = x$ を満たすことを証明せよ（実は有限体はすべて可換であることが証明される）．

2. ベクトル空間

［概要］体 K 上のベクトル空間の定義を与える．K の可換性を仮定しないときは右ベクトル空間，左ベクトル空間の区別をつける．

V を加群とし，その要素を $\boldsymbol{a}, \boldsymbol{b}, \cdots$ で表わす．また K を体とし，その要素を $a, b, \cdots$ で表わす．このとき K の

任意の要素 a と V の任意の要素 $\boldsymbol{a}$ に対し V の要素 $a\boldsymbol{a}$ が定義されていて，次の条件が満たされているならば，V を K 上の**左ベクトル空間**という．

1. $a(\boldsymbol{a}+\boldsymbol{b}) = a\boldsymbol{a} + a\boldsymbol{b}$
2. $(a+b)\boldsymbol{a} = a\boldsymbol{a} + b\boldsymbol{a}$
3. $a(b\boldsymbol{a}) = (ab)\boldsymbol{a}$
4. $1\boldsymbol{a} = \boldsymbol{a}$

V を K 上の左ベクトル空間とし，0 と $\boldsymbol{0}$ をそれぞれ K と V の零とするとき，

$$0\boldsymbol{a} = \boldsymbol{0}, \quad a\boldsymbol{0} = \boldsymbol{0}$$

がなりたつことが容易に確かめられる．たとえばはじめの式は，次の等式から導くことができる．

$$a\boldsymbol{a} = (a+0)\boldsymbol{a} = a\boldsymbol{a} + 0\boldsymbol{a}$$

積 $a\boldsymbol{a}$ のかわりに，積 $\boldsymbol{a}a$ が定義され，上と同様の条件をみたすとき[*]，V は K 上の**右ベクトル空間**とよばれる．このあと，左ベクトル空間と右ベクトル空間を同時に扱うことはないので，左，右をつけないで単にベクトル空間とよぶことにしよう．

問題 2-1 体 K 上のベクトル空間 V において

(1) $a\boldsymbol{0} = \boldsymbol{0}$, $(-1)\boldsymbol{a} = -\boldsymbol{a}$ を証明せよ．

(2) $a\boldsymbol{a} = \boldsymbol{0}$ ならば $a = 0$ または $\boldsymbol{a} = \boldsymbol{0}$ であることを証明せよ．

---

[*] 3. にあたるのは $(\boldsymbol{a}a)b = \boldsymbol{a}(ab)$ となる．[訳者注]

3. 同次線形連立方程式

[概要] 同次線形連立方程式で未知数の個数が式の個数よりも多いとき非自明な解が存在することを，式の個数についての帰納法で証明する．

体 K において mn 個の要素

$$a_{ij}, \quad i=1,2,\cdots,m, \quad j=1,2,\cdots,n$$

が与えられたとき，次の連立方程式の K における解 x_i を考える．

$$\begin{aligned} a_{11}x_1 + a_{12}x_2 + \cdots + a_{1n}x_n &= 0 \\ a_{21}x_1 + a_{22}x_2 + \cdots + a_{2n}x_n &= 0 \\ \vdots \qquad \vdots \qquad \vdots \qquad \vdots \\ a_{m1}x_1 + a_{m2}x_2 + \cdots + a_{mn}x_n &= 0 \end{aligned} \quad (1)$$

このように右辺が0の連立方程式を同次線形連立方程式という．$x_1=0,\cdots,x_n=0$ は解であり，これを**自明な解**といい，解 $x_1, x_2, \cdots, x_n$ の中に0でないものが存在するとき，この解を**非自明な解**という．

定理1. 未知数の個数 n が方程式の個数 m をこえるとき，同次線形連立方程式は非自明な解をもつ．

証明 未知数の消去によって示される．

まず $n>0$ 個の未知数に対して方程式が1つもないときは，未知数は何も制限をうけないことになるので，それらすべてにたとえば値1をとらせることができる．よってこの場合には非自明な解の存在がいえたことになる．

次に方程式の個数についての数学的帰納法を用いる．

$k<m$ とし，k 個より多い未知数をもち，k 個の式からなる任意の同次線形連立方程式が非自明な解をもつとする．連立方程式 (1) において $n>m$ とし，式 $a_{i1}x_1+a_{i2}x_2+\cdots+a_{in}x_n$ を L_i, $i=1,2,\cdots,m$ と表わす．このとき，
$$L_1=L_2=\cdots=L_m=0$$
で少なくとも1つは0でない $x_1,x_2,\cdots,x_n$ の存在を証明しよう．

まずもしすべての i,j に対して $a_{ij}=0$ であれば $x_1,x_2,\cdots,x_n$ の任意の値が (1) の解である．これに対して a_{ij} が全部は0でないときは $a_{11}\neq 0$ と仮定することができる．というのは，方程式の書かれている順序や未知数の番号を変えても，この連立方程式に非自明な解が存在するか否かに影響しないからである．このとき与えられた連立方程式に非自明な解が存在するための条件は，次の連立方程式が非自明な解をもつことである．
$$L_1=0$$
$$L_2-a_{21}a_{11}^{-1}L_1=0$$
$$\cdots\cdots\cdots\cdots$$
$$L_m-a_{m1}a_{11}^{-1}L_1=0$$
すなわち，$x_1,x_2,\cdots,x_n$ がこの新しい連立方程式の解ならば，$L_1=0$ によって他のすべての式の第2項は消えてしまい，$L_2=L_3=\cdots=L_m=0$ となり，逆に (1) がなりたてば，明らかにこの新しい連立方程式がなりたつからである．この新しい連立方程式は，実は第2番目

以下の式から x_1 を"消去"して得られたものである．この第2番目以下の $m-1$ 個の式を，$x_2, \cdots, x_n$ の連立方程式とみれば，帰納法の仮定により，これに非自明な解が存在し，
$$x_1 = -a_{11}^{-1}(a_{12}x_2 + a_{13}x_3 + \cdots + a_{1n}x_n)$$
とおいて，全方程式に適する非自明な解が得られることになるので，われわれの主張が成立したことになる．

(証明終り)

注意 連立方程式 (1) では，係数 a_{ij} はすべて x_j の左側にある．係数がすべて右側にあり，したがって項が $x_j a_{ij}$ と書かれているときも，上の定理のなりたつことが同様の証明で示される．以下で，非可換な体の場合，左側からの係数で扱う代りに右側からの係数で扱うこともある．そのようなときに，このような断わりをいちいちしないことにする．

問題 3-1 3つの要素 $0, 1, 2$ から構成される体 K の要素を係数とする次の連立方程式の解をすべて求めよ．
$$\begin{cases} x_1 + 2x_2 + 2x_3 = 0 \\ x_1 + x_2 + x_3 = 0 \end{cases}$$
問題 3-2 連立方程式 (1) において
(1) $(x_1, x_2, \cdots, x_n), (x_1', x_2', \cdots, x_n')$ が解ならば
$$(x_1 + x_1', x_2 + x_2', \cdots, x_n + x_n')$$
も解であることを示せ．
(2) $(x_1, x_2, \cdots, x_n)$ が解ならば
$$(x_1 \lambda, x_2 \lambda, \cdots, x_n \lambda)$$

も解であることを示せ．

4. ベクトルの従属性，独立性

[概要] ベクトル空間の次元を定義し，有限個の要素で生成されるベクトル空間の次元は，その生成系に所属するベクトルのうちの線形独立な最大個数であることを示す．次に線形独立の概念を用いて行列の階数を定義する．ここでは体は可換とは限らないので右，左の区別をつけなければならないが，第2章以降の応用面で K は可換体であるから，非可換体に不馴れな読者は可換体として理解しておけばよい．

体 K 上のベクトル空間 V において，ベクトル $a_1, a_2, \cdots, a_n$ が**線形従属**であるとは，$x_1 a_1 + x_2 a_2 + \cdots + x_n a_n = 0$ で，$x_1, x_2, \cdots, x_n$ のうちの少なくとも1つは0でないような K の要素 $x_1, x_2, \cdots, x_n$ が存在することをいう．そうでないとき $a_1, a_2, \cdots, a_n$ を**線形独立**という．

V の中で線形独立なベクトルの最大個数を，体 K 上のベクトル空間 V の**次元**という．すなわち，まず V の中に任意個数の線形独立なベクトルが存在するならば次元は無限大である．これに対して V の中に n 個の線形独立なベクトルが存在し，n 個より多くのベクトルは必ず線形従属になっているとき，V の次元は n である．

V の要素の列 $a_1, a_2, \cdots, a_m$ が V の**生成系**であるとは，V の任意の要素 a が K の適当な要素 a_i, $i=1,2,\cdots,m$ を用いて $a_1, a_2, \cdots, a_m$ の**線形和** $a = \sum_{i=1}^{m} a_i a_i$ とできることをいう．

定理 2. V が一組の生成系 $a_1, a_2, \cdots, a_m$ をもつとき，この生成系の中に含まれる線形独立なベクトルの最大個数が V の次元である．

証明 a_i がすべて 0 ならば，V は零ベクトルだけからなる．$1 \cdot 0 = 0$ であるから零ベクトルは線形従属である．よって V の次元も，a_i の中の線形独立な最大個数もともに 0 である．

これに対して生成系 $a_1, a_2, \cdots, a_m$ の中の線形独立なベクトルの最大個数が r であるとする．このとき番号をつけかえて，$a_1, a_2, \cdots, a_r$ が線形独立であるようにできる．$r < m$ のときは r は線形独立な a_i の最大個数であるから，$r+1$ 個のベクトル $a_1, a_2, \cdots, a_r, a_i$ $(r < i \leq m)$ は線形従属であり，したがって次の関係がある．

$$a_1 a_1 + a_2 a_2 + \cdots + a_r a_r + b a_i = 0$$

ここで，係数の中には 0 でないものが存在する．もし $b = 0$ であれば $a_1, a_2, \cdots, a_r$ が線形従属であることになってしまう．そこで $b \neq 0$ であり

$$a_i = -b^{-1}(a_1 a_1 + a_2 a_2 + \cdots + a_r a_r)$$

よって，V の要素を生成系 $a_1, a_2, \cdots, a_m$ の線形和で表わした式は，各 a_i をこの式でおきかえることによって $a_1, a_2, \cdots, a_r$ の線形和でおきかえることができる．そこで，$a_1, a_2, \cdots, a_r$ だけで一組の生成系となることがわかる．

いま $b_1, b_2, \cdots, b_t$ $(t > r)$ を V の任意のベクトルとする．すると

$$b_j = \sum_{i=1}^{r} a_{ij} a_i$$

のような a_{ij} が存在する．ここで，ベクトル $b_1, b_2, \cdots, b_t$ が線形従属であること，すなわち

$$x_1 b_1 + x_2 b_2 + \cdots + x_t b_t = 0$$

となる非自明な x_i が K の中に存在することを証明すればよい．それには，この式で b_j を $\sum_{i=1}^{r} a_{ij} a_i$ でおきかえると a_i の線形和が得られ，a_i の係数は $\sum_{j=1}^{t} x_j a_{ij}$ となるので

$$\sum_{j=1}^{t} x_j a_{ij} = 0, \qquad i = 1, 2, \cdots, r$$

となる非自明な x_j が存在すればよい．ところが $t > r$ であるから，定理1によってそのような x_j の存在することが保証される．

以上のようにして r 個より多い個数のベクトルは線形従属であるが，r 個のベクトル $a_1, a_2, \cdots, a_r$ は線形独立であるから，V の次元は r である． (証明終り)

注意 n 次元ベクトル空間の n 個の線形独立なベクトル $a_1, a_2, \cdots, a_n$ は一組の生成系であることが次のようにして示される．まず，任意のベクトル a に対して n 次元空間の $n+1$ 個のベクトル $a, a_1, \cdots, a_n$ は線形従属であり，その従属性を示す式において a の係数は0でない．そこでこれを a について解くことにより，a が $a_1, a_2, \cdots, a_n$ の線形和として表わされ $a_1, a_2, \cdots, a_n$ が生

成系であることがわかる．

　ベクトル空間のある部分集合が，そのベクトル空間の部分群になっていて，しかも体の任意の要素とその部分集合の任意の要素との積がふたたびその部分集合に属すとき，その部分集合を**部分空間**という．$a_1, a_2, \cdots, a_s$ がベクトル空間 V の要素のとき，$a_1\boldsymbol{a}_1 + a_2\boldsymbol{a}_2 + \cdots + a_s\boldsymbol{a}_s$ の形をした要素全体の集合は明らかに V の部分空間である．また次元の定義から部分空間の次元は全空間の次元をこえることはない．

　V を有限次元 n のベクトル空間とし，W が V の部分空間で同じ次元 n であるとする．すると $W = V$ である．というのは，その部分空間 W は n 個の線形独立なベクトルを含み，これらは V の一組の生成系をなすからである．

　体 K の要素の s 個の組 $(a_1, a_2, \cdots, a_s)$ を**行ベクトル**という．このような s 個の組全体の集合は次の定義のもとで1つのベクトル空間になる．

$\alpha)$　$(a_1, a_2, \cdots, a_s) = (b_1, b_2, \cdots, b_s)$ であるとは $a_i = b_i$, $i = 1, 2, \cdots, s$ がなりたつこと．

$\beta)$　$(a_1, a_2, \cdots, a_s) + (b_1, b_2, \cdots, b_s)$
$$= (a_1 + b_1, a_2 + b_2, \cdots, a_s + b_s)$$

$\gamma)$　K の要素 b に対して
$$b(a_1, a_2, \cdots, a_s) = (ba_1, ba_2, \cdots, ba_s)$$

また，s 個の組を次のように縦に書いて，**列ベクトル**という．

$$\begin{pmatrix} a_1 \\ \vdots \\ a_s \end{pmatrix}$$

定理3. 体 K の要素の n 個の組全体がつくる行（あるいは列）ベクトル空間 K^n は，K 上の次元 n のベクトル空間である．

証明 n 個の要素（いわゆる単位ベクトル）
$$e_1 = (1, 0, 0, \cdots, 0)$$
$$e_2 = (0, 1, 0, \cdots, 0)$$
$$\vdots$$
$$e_n = (0, 0, \cdots, 0, 1)$$
は線形独立であり，K^n を生成する．いずれも $(a_1, a_2, \cdots, a_n) = \sum a_i e_i$ からわかることである．　　　（証明終り）

体 K の要素を次のように長方形状に並べたものを**行列**という．

$$\begin{pmatrix} a_{11} & a_{12} & \cdots & a_{1n} \\ a_{21} & a_{22} & \cdots & a_{2n} \\ \vdots & \vdots & & \vdots \\ a_{m1} & a_{m2} & \cdots & a_{mn} \end{pmatrix}$$

1つの行列において，この行列を構成する行ベクトル $(a_{i1}, a_{i2}, \cdots, a_{in})$ の中で線形独立なものの最大個数を**左行階数**という．ただし，行ベクトルに対する体の要素の積を左側から行なうものとする．これを右側から行なうものとするとき，右行階数を定義できるし，同様に左，右の**列階**

数を定義することができる．

定理 4. 任意の行列において，右列階数は左行階数に等しく，左列階数は右行階数に等しい．体が可換のときは，4つの数は互いに等しく，これをこの行列の**階数**と名づける．

証明 与えられた行列の列ベクトルを $c_1, c_2, \cdots, c_n$ とし，行ベクトルを $r_1, r_2, \cdots, r_m$ とする．列ベクトル $\mathbf{0}$ とは

$$\begin{pmatrix} 0 \\ 0 \\ \vdots \\ 0 \end{pmatrix}$$

のことである．$c_1, c_2, \cdots, c_n$ の間に従属関係 $c_1 x_1 + c_2 x_2 + \cdots + c_n x_n = \mathbf{0}$ があることと次の連立方程式が非自明な解をもつこととは同値である．

$$\begin{matrix} a_{11} x_1 + a_{12} x_2 + \cdots + a_{1n} x_n = 0 \\ \vdots \qquad \vdots \qquad \qquad \vdots \\ a_{m1} x_1 + a_{m2} x_2 + \cdots + a_{mn} x_n = 0 \end{matrix} \qquad (1)$$

この行列の行の順序をどのようにかえてもこの連立方程式にかわりはないし，したがって行列の右列階数にもかわりはない．この場合また，この行列の行ベクトル全体にかわりはないので，行列の左行階数もかわらない．いま右列階数を s とし，左行階数を z とする．上に注意したことにより，この行列の第1行から第 z 行までが線形独立な

行ベクトルであるとしてよい．この行列の行ベクトルの全体から生成される左ベクトル空間は，定理2により次元がzであり，第1行から第z行までによって生成される．よって，とくにこの行列の任意の行は第1行から第z行までの左線形和として表わされる．よって (1) の各式は，上からz番目までの式の左線形和として表わされ，したがって上からz番目までの方程式の解が，この連立方程式全体の解である．逆に (1) の任意の解は，上からz番目までの方程式の解である．よってはじめの行列の第z行まででつくられた行列

$$\begin{pmatrix} a_{11} & a_{12} & \cdots & a_{1n} \\ a_{21} & a_{22} & \cdots & a_{2n} \\ \vdots & \vdots & & \vdots \\ a_{z1} & a_{z2} & \cdots & a_{zn} \end{pmatrix}$$

は，はじめの行列と同じ右列階数をもつことがわかる．この行列のz個の行は線形独立であるから，この行列はまた，はじめの行列と同じ左行階数をもつ．しかし定理3によれば，この新しい行列の右列階数はzをこえることはない．よって$s \leqq z$である．同様にして左列階数をs'，右行階数をz'とすると$s' \leqq z'$であることがわかる．ここで，はじめの行列を**転置**してみる．すなわち行と列をいれかえてみる．すると転置した行列の左行階数は，もとの行列の左列階数に等しい．そこで上に述べたことをこの転置行列に用いると$z' \leqq s', z \leqq s$となり，$s = z, s' = z'$が得られる．

問題 4-1 (1) $a_1, a_2, \cdots, a_n$ が線形独立であるための必要十分条件は，このうちのどれをとっても他の線形和に等しくないことである．

(2) $a_1, a_2, \cdots, a_n$ が線形従属であるための必要十分条件は，このうちの適当な1つが他の線形和に等しいことである．

これを証明せよ．

問題 4-2 n 次元ベクトル空間 V において，次の (1), (2) は同値であることを示せ．

(1) $a_1, a_2, \cdots, a_n$ は線形独立である．

(2) $a_1, a_2, \cdots, a_n$ は V の生成系である．

問題 4-3 ベクトル空間 V において $a_1, a_2, \cdots, a_n$ の中の線形独立なものの最大個数が r のとき

$$b_1 = a_{11}a_1 + a_{12}a_2 + \cdots + a_{1n}a_n$$
$$\cdots\cdots\cdots\cdots$$
$$b_m = a_{m1}a_1 + a_{m2}a_2 + \cdots + a_{mn}a_n$$

によって $b_1, \cdots, b_m$ を定めると，$b_1, \cdots, b_m$ の中の線形独立な最大個数は高々 r である．

問題 4-4 ベクトル空間 V において $b_1, b_2, \cdots, b_m$ が $a_1, a_2, \cdots, a_n$ (ただし $m>n$) の線形和であるとき，$b_1, b_2, \cdots, b_m$ は線形従属である．

問題 4-5 n 次元のベクトル空間 V において $a_1, a_2, \cdots, a_r$ ($r<n$) が線形独立のとき，$a_{r+1}, \cdots, a_n$ を選んで $a_1, a_2, \cdots, a_n$ が線形独立であるようにすることができる．これを証明せよ．

問題 4-6 V を K 上の n 次元のベクトル空間とし，K^n を K 上の行ベクトル空間とする．V の線形独立な生成系 $a_1, a_2, \cdots, a_n$ をとり，V の任意の要素 a を $a = a_1a_1 + a_2a_2 + \cdots + a_na_n$ と表わす．このとき

$$\varphi : V \to K^n, \quad a \to (a_1, a_2, \cdots, a_n)$$

とすると，φ は一対一で K^n の上への写像であり
$$\varphi(\boldsymbol{a}+\boldsymbol{b}) = \varphi(\boldsymbol{a})+\varphi(\boldsymbol{b}), \qquad \varphi(\boldsymbol{a}a) = a\varphi(\boldsymbol{a})$$
をみたすことを証明せよ．

5. 非同次線形連立方程式

[概要] 非可換体を係数にもつ場合にも，連立方程式の解の存在について可換体係数の場合の定理が次の形でなりたつことを示している．

(i) 一般連立方程式が解をもつ条件は係数行列の（左）行階数が拡大行列の（左）行階数に等しい．

(ii) 正方行列を係数にもつ場合には，その条件は同伴な連立方程式が自明解のみをもつ．

次は非同次線形連立方程式

$$\begin{aligned} a_{11}x_1 + a_{12}x_2 + \cdots + a_{1n}x_n &= b_1 \\ a_{21}x_1 + a_{22}x_2 + \cdots + a_{2n}x_n &= b_2 \\ \vdots \qquad \vdots \qquad\quad \vdots \qquad\quad \vdots & \\ a_{m1}x_1 + a_{m2}x_2 + \cdots + a_{mn}x_n &= b_m \end{aligned} \qquad (1)$$

の可解性について考えよう．この連立方程式には2つの行列 M, N を対応させる．その1つ M は係数 a_{ij} の行列であり，もう1つの行列 N は行列 M の第 n 列末に b_i を追加した行列である．N の列ベクトルを $\boldsymbol{a}_1, \boldsymbol{a}_2, \cdots, \boldsymbol{a}_n, \boldsymbol{b}$ と表わそう．すると連立方程式 (1) を次のように簡単な形に書くことができる．

$$\boldsymbol{a}_1 x_1 + \boldsymbol{a}_2 x_2 + \cdots + \boldsymbol{a}_n x_n = \boldsymbol{b}$$

m 次の列ベクトル全体のつくる右ベクトル空間を K^m とする．上にあげたベクトル $\boldsymbol{a}_1, \boldsymbol{a}_2, \cdots, \boldsymbol{a}_n$ は K^m に属

し，これらが生成する K^m の部分空間を T とする．すると上の連立方程式が解をもつとは，b が T に属するということである．T の次元は行列 M の右列階数であるから，上の連立方程式が解をもつのは M と N が同一の右列階数をもつ場合である．よって定理4を用いると

"連立方程式 (1) が解をもつのは M と N が同一の左行階数をもつ"
場合であることがわかる．

次に $m=n$，すなわち方程式の個数が未知数の個数に等しいとしよう．このとき，連立方程式
$$a_1x_1+a_2x_2+\cdots+a_nx_n=0$$
を (1) に同伴な**同次連立方程式**という．

ここで，与えられた係数 a_{ij} による連立方程式 (1) が，K の任意の要素 b_i に対してつねに解をもつ場合を問題とする．これは任意の列ベクトル b が部分空間 T に属することを意味するので，T が全空間 K^n となる場合である．K^n は次元が n であるから，これはベクトル $a_1, a_2, \cdots, a_n$ が線形独立な場合である．これはこれに同伴な同次連立方程式が自明な解のみをもつことを意味し，しかも任意のベクトル b はベクトル $a_1, a_2, \cdots, a_n$ の線形和としてはただ一通りにしか表わされない．よって次のことが証明された．

定理5. $m=n$ の場合の連立方程式 (1) が，任意に与えた右辺に対して解をもつための必要十分な条件は，これ

に同伴な同次連立方程式が自明解のみをもつことである．そしてこの場合，解はただ一組である．

問題 5-1 定理 5 の前半, すなわち
$$L_1 = a_{11}x_1 + a_{12}x_2 + \cdots + a_{1n}x_n = b_1$$
$$\cdots\cdots\cdots\cdots\cdots\cdots\cdots$$
$$L_n = a_{n1}x_1 + a_{n2}x_2 + \cdots + a_{nn}x_n = b_n$$
が K の任意の要素 $b_1, b_2, \cdots, b_n$ に対して解をもつための必要十分条件は，これに同伴な同次連立方程式 $L_1 = 0, \cdots, L_n = 0$ が自明解のみをもつこと，を定理 1 の証明のように帰納法で証明せよ．

6. 行 列 式

［概要］K を可換体とすると n 次行列に対して行列式が定義される．行列式は 3 つの基本性質をみたす行列上の関数として導入される．はじめにその存在を仮定して行列式のもつ普通の性質を導き，次に余因子展開形に帰納法をのせて存在を証明する．最後に 2～5 節で扱った連立方程式の解の存在や行ベクトルの線形独立性と行列式の値との関連を扱い，クラーメルの公式を導いて終りとなる．

ここで述べる行列式の理論は，ガロアの理論の中では必要でない．この部分を省略して先へ進んでも構わない．

いま体 K は可換であるとして，n 次の正方行列

$$\begin{pmatrix} a_{11} & a_{12} & \cdots & a_{1n} \\ a_{21} & a_{22} & \cdots & a_{2n} \\ \vdots & \vdots & & \vdots \\ a_{n1} & a_{n2} & \cdots & a_{nn} \end{pmatrix} \tag{1}$$

をとりあげる．いま，行列の上で定義され，この体 K の要素を値にもつ関数を定義する．この関数を行列式とよび，次のように書く．

$$\begin{vmatrix} a_{11} & a_{12} & \cdots & a_{1n} \\ a_{21} & a_{22} & \cdots & a_{2n} \\ \vdots & \vdots & & \vdots \\ a_{n1} & a_{n2} & \cdots & a_{nn} \end{vmatrix} \tag{2}$$

行列式を (1) の列ベクトル $a_1, a_2, \cdots, a_n$ の関数とみる場合には $D(a_1, a_2, \cdots, a_n)$ と表わす．また，a_k 以外の列ベクトルをすべて固定して，この行列式を a_k だけの関数とみるときは，$D_k(a_k)$ とも表わし，さらに単に D で表わすこともある．

定義 行列の関数で，これを列ベクトルの関数とみて次の3つの条件をみたすものを**行列式**という．

1. 任意の列 a_k の関数として線形性と同次性をもつ．すなわち

$$D_k(a_k + a'_k) = D_k(a_k) + D_k(a'_k) \tag{3}$$
$$D_k(ca_k) = cD_k(a_k) \tag{4}$$

2. 2つの隣接する列 a_k と a_{k+1} が等しいときは，関数の値は $=0$ である．

3. すべての k に対して a_k が単位ベクトル u_k のときは，関数の値は $=1$ である．ここに

$$\boldsymbol{u}_1 = \begin{pmatrix} 1 \\ 0 \\ 0 \\ \vdots \\ 0 \end{pmatrix}, \quad \boldsymbol{u}_2 = \begin{pmatrix} 0 \\ 1 \\ 0 \\ \vdots \\ 0 \end{pmatrix}, \quad \cdots, \quad \boldsymbol{u}_n = \begin{pmatrix} 0 \\ 0 \\ \vdots \\ 0 \\ 1 \end{pmatrix} \quad (5)$$

まず,このような行列式が存在するかどうかはしばらくおいて,上の公理から導かれる性質を引き出してみよう.

a) (4) において $c=0$ とすると,次の性質が得られる:1つの列が $\boldsymbol{0}$ ならば行列式は0である.

b) $D_k(\boldsymbol{a}_k) = D_k(\boldsymbol{a}_k + c\boldsymbol{a}_{k\pm 1})$ すなわち1つの列を何倍かして隣接する列に加えても行列式の値はかわらない.この性質は上の条件2と関係式 (3), (4) から次のようにして示される.

$$D_k(\boldsymbol{a}_k + c\boldsymbol{a}_{k\pm 1}) = D_k(\boldsymbol{a}_k) + cD_k(\boldsymbol{a}_{k\pm 1}) = D_k(\boldsymbol{a}_k)$$

c) 2つの列 $\boldsymbol{a}_k$ と $\boldsymbol{a}_{k+1}$ をとりあげる.まずこれらを $\boldsymbol{a}_k$ と $\boldsymbol{a}_{k+1} + \boldsymbol{a}_k$ でおきかえることができる.次に後者を前者から引くと,新しい列は $-\boldsymbol{a}_{k+1}$ と $\boldsymbol{a}_{k+1} + \boldsymbol{a}_k$ となる.さらに前者を後者に加えると $-\boldsymbol{a}_{k+1}$ と $\boldsymbol{a}_k$ になる.最後に -1 をくくり出す.こうして次の結果を得る:互いに隣接する2列をいれかえると,行列式は符号だけかわる.

d) 2つの列が等しいとき,行列式の値は0である.その2つの列をそれらの隣といれかえながら近づけていけば,最後に条件2に帰着させることができるからである.

b), c) と同様にして,次の一般的な性質を示すことができる.

e) 1つの列を何倍かして他の列に加えても行列式の値はかわらない．

f) 任意の2列をいれかえると，D の符号だけがかわる．

g) $(\nu_1, \nu_2, \cdots, \nu_n)$ を $(1, 2, \cdots, n)$ の順列とする．$D(\boldsymbol{a}_{\nu_1}, \boldsymbol{a}_{\nu_2}, \cdots, \boldsymbol{a}_{\nu_n})$ の列をいれかえて，はじめの順序になるまでつづけると，次の結果を得る．

$$D(\boldsymbol{a}_{\nu_1}, \boldsymbol{a}_{\nu_2}, \cdots, \boldsymbol{a}_{\nu_n}) = \pm D(\boldsymbol{a}_1, \boldsymbol{a}_2, \cdots, \boldsymbol{a}_n)$$

ここに $\pm$ のとり方は $\boldsymbol{a}_k$ のとり方とは無関係である．$\boldsymbol{a}_k$ に $\boldsymbol{u}_k$ をあてはめると

$$D(\boldsymbol{u}_{\nu_1}, \boldsymbol{u}_{\nu_2}, \cdots, \boldsymbol{u}_{\nu_n}) = \pm 1$$

となり，符号のとり方は単位ベクトルの並んだ順序だけで定まることがわかる[*]．この ± 1 を順列 $(\nu_1, \nu_2, \cdots, \nu_n)$ の符号という．

いま各ベクトル $\boldsymbol{a}_k$ に次のような $\boldsymbol{a}_1, \boldsymbol{a}_2, \cdots, \boldsymbol{a}_n$ の線形和 $\boldsymbol{a}'_k$ をあてはめてみる．

$$\boldsymbol{a}'_k = b_{1k}\boldsymbol{a}_1 + b_{2k}\boldsymbol{a}_2 + \cdots + b_{nk}\boldsymbol{a}_n \tag{6}$$

$D(\boldsymbol{a}'_1, \boldsymbol{a}'_2, \cdots, \boldsymbol{a}'_n)$ を計算するにあたっては，まず $\boldsymbol{a}'_1$ に条件1を適用して行列式を和に分解する．次にその各項において同様のことを $\boldsymbol{a}'_2$ に行ない，以下これをつづける．こうして次の結果に到達する．

---

[*] 以上の議論から，この符号は行列式関数のとり方にも関係しないことがわかる．

$$D(\boldsymbol{a}'_1, \boldsymbol{a}'_2, \cdots, \boldsymbol{a}'_n)$$
$$= \sum_{\nu_1, \nu_2, \cdots, \nu_n} D(b_{\nu_1 1}\boldsymbol{a}_{\nu_1}, b_{\nu_2 2}\boldsymbol{a}_{\nu_2}, \cdots, b_{\nu_n n}\boldsymbol{a}_{\nu_n})$$
$$= \sum_{\nu_1, \nu_2, \cdots, \nu_n} b_{\nu_1 1} b_{\nu_2 2} \cdots b_{\nu_n n} D(\boldsymbol{a}_{\nu_1}, \boldsymbol{a}_{\nu_2}, \cdots, \boldsymbol{a}_{\nu_n}) \quad (7)$$

ここに ν_i は独立にそれぞれ 1 から n までの値をとる．ここでもし 2 つの添数 ν_i, ν_j が等しかったならば $D(\boldsymbol{a}_{\nu_1}, \boldsymbol{a}_{\nu_2}, \cdots, \boldsymbol{a}_{\nu_n}) = 0$. よって $(\nu_1, \nu_2, \cdots, \nu_n)$ が $(1, 2, \cdots, n)$ の順列である項だけを扱えばよい．このようにして

$$D(\boldsymbol{a}'_1, \boldsymbol{a}'_2, \cdots, \boldsymbol{a}'_n)$$
$$= D(\boldsymbol{a}_1, \boldsymbol{a}_2, \cdots, \boldsymbol{a}_n) \sum_{(\nu_1, \cdots, \nu_n)} \pm b_{\nu_1 1} b_{\nu_2 2} \cdots b_{\nu_n n} \quad (8)$$

であることがわかった．ここに $(\nu_1, \nu_2, \cdots, \nu_n)$ は $(1, 2, \cdots, n)$ の順列全体を動き，$\pm$ は各順列の符号である．ここで注意することは，関数 D が最初の 3 条件を満足していさえすれば，同一の公式 (8) が得られるということである．

さて，(8) からいろいろの結論が引き出される．

まずわれわれはここではじめて条件 3 を仮定して，$\boldsymbol{a}_k$ をとくに単位ベクトル $\boldsymbol{u}_k$ としてみる．すると，$\boldsymbol{a}'_k = \boldsymbol{b}_k$ は行列 (b_{ik}) の列ベクトルであり，公式 (8) から次の結果が得られる．

$$D(\boldsymbol{b}_1, \boldsymbol{b}_2, \cdots, \boldsymbol{b}_n) = \sum_{(\nu_1, \nu_2, \cdots, \nu_n)} \pm b_{\nu_1 1} b_{\nu_2 2} \cdots b_{\nu_n n} \quad (9)$$

これが行列式の具体的な形であり，これによって，行列式

はもし存在するとすれば，3つの条件から一意的に定まることが示されたことになる．

次に (9) によって (8) は次のように書き表わされる．

$$D(\boldsymbol{a}_1', \boldsymbol{a}_2', \cdots, \boldsymbol{a}_n')$$
$$= D(\boldsymbol{a}_1, \boldsymbol{a}_2, \cdots, \boldsymbol{a}_n)D(\boldsymbol{b}_1, \boldsymbol{b}_2, \cdots, \boldsymbol{b}_n) \qquad (10)$$

これを**行列式の乗法公式**という．(10) の左辺は

$$c_{ik} = \sum_{\nu=1}^{n} a_{i\nu}b_{\nu k} \qquad (11)$$

を成分にもつ n 次正方行列の行列式である．この c_{ik} は $D(\boldsymbol{a}_1, \boldsymbol{a}_2, \cdots, \boldsymbol{a}_n)$ の i 行の各成分に $D(\boldsymbol{b}_1, \boldsymbol{b}_2, \cdots, \boldsymbol{b}_n)$ の第 k 列の対応する成分をかけあわせ，次にそれらを加えて得られたものである．

さらに $F(\boldsymbol{a}_1, \boldsymbol{a}_2, \cdots, \boldsymbol{a}_n)$ をはじめの3条件のうちの最初の2条件をみたす関数とし，(8) の D のかわりにこれを用いてみる．すると (9) とあわせて次が得られる．

$$F(\boldsymbol{a}_1', \boldsymbol{a}_2', \cdots, \boldsymbol{a}_n') = F(\boldsymbol{a}_1, \boldsymbol{a}_2, \cdots, \boldsymbol{a}_n)D(\boldsymbol{b}_1, \boldsymbol{b}_2, \cdots, \boldsymbol{b}_n)$$

ここで $\boldsymbol{a}_k$ としてとくに単位ベクトル $\boldsymbol{u}_k$ をとると，次の結果になる．

$$F(\boldsymbol{b}_1, \boldsymbol{b}_2, \cdots, \boldsymbol{b}_n) = cD(\boldsymbol{b}_1, \boldsymbol{b}_2, \cdots, \boldsymbol{b}_n) \qquad (12)$$

ここに $c = F(\boldsymbol{u}_1, \boldsymbol{u}_2, \cdots, \boldsymbol{u}_n)$．

いま $1 \leq i \leq n-1$ とし，(10) において $\boldsymbol{a}_k = \boldsymbol{u}_k$ ($k \neq i$, $i+1$), $\boldsymbol{a}_i = \boldsymbol{u}_i + \boldsymbol{u}_{i+1}$, $\boldsymbol{a}_{i+1} = \boldsymbol{0}$ としてみよう．すると1つの列が $\boldsymbol{0}$ なので $D(\boldsymbol{a}_1, \boldsymbol{a}_2, \cdots, \boldsymbol{a}_n) = 0$．よって $D(\boldsymbol{a}_1', \boldsymbol{a}_2', \cdots, \boldsymbol{a}_n') = 0$ となるが，この行列式は b_{jk} からつくられ

た行列式とは $i+1$ 行が違うだけであり，$i+1$ 行が i 行に一致している行列式である．よって次の結果が得られた．

"2つの隣接する行が等しい行列式は0である．"

(9) の各項は，各行から成分を1つずつもってきてつくった積になっている．これは，行列式を行の関数とみるとき，行列式が線形かつ同次な関数であることを示している．そして最後に，各行に単位ベクトルを用いると，この行列は各列が単位ベクトルになっている場合なので，行列式は1である．よって行列式は行ベクトルの関数とみたときにも，はじめの3条件を満足していることがわかる．すでに証明された行列式の一意性から，次のことがわかる．

"行列の行ベクトルを列ベクトルにおきかえても，すなわち主対角線に関して折り返しても行列式の値はかわらない．"

"任意の2行が等しいとき行列式の値は0である．また任意の2行をいれかえると行列式は符号だけかわる．また1つの行を何倍かして他の行に加えても，行列式の値はかわらない．"

さてここで，行列式の存在を証明しよう．1次行列 a_{11} に対しては，a_{11} 自身を行列式と定めればよい．次に $n-1$ 次の行列式の存在を仮定する．そして n 次行列 (1) があるとき，これから次のような $n-1$ 次の行列式をつくる．

まず a_{ik} を (1) の任意の成分とし，(1) において第 i

行と第 k 列を消して得られた $n-1$ 次行列をつくると，帰納法の仮定によってこの $n-1$ 次行列の行列式が存在する．この行列式に $(-1)^{i+k}$ をかけて，a_{ik} に付随する**余因子**とよび，A_{ik} で表わす．この符号 $(-1)^{i+k}$ の配置は次のようなチェス盤模様になっている．

$$\begin{pmatrix} + & - & + & - & \cdots \\ - & + & - & + & \cdots \\ + & - & + & - & \cdots \\ - & + & - & + & \cdots \\ & & \cdots\cdots\cdots & & \end{pmatrix}$$

i を 1 から n までの間の任意の整数とし，行列 (1) の次のような関数をとりあげてみる．

$$D = a_{i1}A_{i1} + a_{i2}A_{i2} + \cdots + a_{in}A_{in} \tag{13}$$

すなわち i 行の各成分と，それに付随する余因子との積の和である．

この D と 1 つの列，たとえば $\boldsymbol{a}_k$ との関係をしらべよう．$\nu \neq k$ のときは $A_{i\nu}$ は $\boldsymbol{a}_k$ について線形であり，$a_{i\nu}$ は $\boldsymbol{a}_k$ には無関係である．$\nu = k$ のときは A_{ik} は $\boldsymbol{a}_k$ に無関係であるが，a_{ik} はこの列の要素である．よって条件 1 は満たされている．

次に 2 つの隣接する列 $\boldsymbol{a}_k$ と $\boldsymbol{a}_{k+1}$ が等しいとしてみよう．$\nu \neq k, k+1$ のときは $A_{i\nu}$ の 2 つの列が等しいので，$A_{i\nu} = 0$．また $A_{i,k}$ と $A_{i,k+1}$ を求めるときの行列式は同一であり，チェス盤模様に従って，つける符号は反対である．よって $A_{i,k} = -A_{i,k+1}$ であり，$a_{i,k} = a_{i,k+1}$.

こうして $D=0$ となり，条件2が満たされたことになる．

最後に $\boldsymbol{a}_\nu = \boldsymbol{u}_\nu\ (\nu=1,2,\cdots,n)$ の場合について考えると，$i\neq\nu$ のときは $a_{i\nu}=0$ であり，一方 $a_{ii}=1$，$A_{ii}=1$．よって $D=1$ となり条件3が満たされたことになる．

以上で n 次の行列に対して3条件を満たす関数 D，すなわち行列式の存在することがわかった．それとともに，行列式の i 行展開とよばれる公式 (13) も示されたことになる．

公式 (13) は次のように一般化される．与えられた行列式から，i 行を j 行でおきかえた行列式をつくり，この新しい行列式を i 行について展開する．$i\neq j$ ならば行列式は0であり，$i=j$ ならばもとの D であるから

$$a_{j1}A_{i1}+a_{j2}A_{i2}+\cdots+a_{jn}A_{in} = \begin{cases} D & (j=i) \\ 0 & (j\neq i) \end{cases} \quad (14)$$

また，行と列をいれかえて次の結果を得る．

$$a_{1h}A_{1k}+a_{2h}A_{2k}+\cdots+a_{nh}A_{nk} = \begin{cases} D & (h=k) \\ 0 & (h\neq k) \end{cases} \quad (15)$$

次に A を n 次，B を m 次の正方行列とする．それらの行列式を $|A|,|B|$ で表わそう．さらに C を n 行 m 列の行列とする．この3つから $n+m$ 次の正方行列

$$\begin{pmatrix} A & C \\ O & B \end{pmatrix} \quad (16)$$

をつくる．ここに O とは m 行 n 列の零行列のことである．行列 (16) の行列式を A だけの列の関数とすると，前にあげた3条件のうちのはじめの2条件が満たされる．

すると (12) によって，その値は $c|A|$ である．ここに c とは，A の列のところに単位ベクトルをあてはめたときの (16) の行列式の値である．c は B のとり方に関係し，B の行の関数とみると，これもまた 3 条件のうちの 2 条件を満たす．よって (16) の行列式は

$$d|A||B|$$

に等しい．ここに d は (16) において A と B の列のところに単位ベクトルをあてはめた行列の行列式である．ところがこの新しい行列のはじめの n 個の列の適当な倍数を，あとの m 個の列から引き去ることによって C の部分を O にすることができる．よって $d=1$ であり，次の公式が得られたことになる．

$$\begin{vmatrix} A & C \\ O & B \end{vmatrix} = |A||B| \qquad (17)$$

同様にして次の結果も証明される．

$$\begin{vmatrix} A & O \\ C & B \end{vmatrix} = |A||B| \qquad (18)$$

公式 (17) と (18) はラグランジュの定理の特別な場合である．一方また，ラグランジュの定理はわれわれの結果から証明される．しかし応用上は (17), (18) で間に合うので，詳細は行列式に関する他の教科書にまかせることにしよう．

さて次に，行列式が 0 になる場合を調べよう．

a) $\boldsymbol{a}_1, \boldsymbol{a}_2, \cdots, \boldsymbol{a}_n$ が線形従属ならば $D(\boldsymbol{a}_1, \boldsymbol{a}_2, \cdots, \boldsymbol{a}_n) = 0$.

事実，1つの列たとえば a_k が他の列の線形和であるとすると，第 k 列からこの線形和を引くと，第 k 列は0となるので，$D=0$.

b) $a_1, a_2, \cdots, a_n$ が線形独立であるとする．すると，これらは列ベクトル全体のつくる空間 K^n の生成系であるから，等式 (6) において $a'_k = u_k$ となるように b_{ik} を選ぶことができる．b_{ik} のこの値を等式 (8) にあてはめると，(8) の左辺は1に等しくなり，したがって $D(a_1, a_2, \cdots, a_n) \neq 0$ でなければならないことがわかる．

以上をまとめて次の結果が得られる．

"行列式が0であるための必要十分な条件は，その列ベクトル（あるいは行ベクトル）が線形従属なることである．"

この結果をいいかえると次のようにもなる．

"n 個の式からなる n 個の未知数の線形同次連立方程式

$a_{i1}x_1 + a_{i2}x_2 + \cdots + a_{in}x_n = 0 \quad (i=1,2,\cdots,n)$

が自明でない解をもつための必要十分な条件は，係数のつくる行列式が0となることである．"

また次の結果も明らかであろう．

"連立方程式

$a_{i1}x_1 + a_{i2}x_2 + \cdots + a_{in}x_n = b_i \quad (i=1,2,\cdots,n)$ (19)

が任意の b_i に対して解をもつための必要十分な条件は，a_{ik} の行列式が0に等しくないことである．"

最後に，a_{ik} の行列式 D が0でないときに，(19) の解を行列式で書き表わしてみよう．まず，連立方程式 (19)

は次のことを意味する．
$$a_1x_1+a_2x_2+\cdots+a_nx_n=b$$
また，行列式 $D(a_1, a_2, \cdots, a_n)$ において i 列を b にとりかえたものを $D(a_1, \cdots, b, \cdots, a_n)$ とする．この行列式において $a_\nu x_\nu$ $(\nu \neq i)$ を b から引くと，$a_i x_i$ だけが残る．よって次の結果が得られる．
$$D(a_1, \cdots, b, \cdots, a_n) = x_i D(a_1, a_2, \cdots, a_n)$$
したがって
$$x_i = \frac{D(a_1, \cdots, b, \cdots, a_n)}{D(a_1, a_2, \cdots, a_n)}$$
この公式を**クラーメルの公式**という．

問題 6-1 可換体 K における $m \times n$ 行列 $A = (a_{ik})$ の関数 $F(A)$ が，次の条件をみたすとする．
1. 任意の列 a_k の関数として線形性と同次性をもつ．
2. 2つの隣接する列 a_k と a_{k+1} が等しいときは，関数の値は 0 である．

このとき
(1) $m < n$ ならば $F(A)$ はつねに 0 である．
(2) $m = n$ ならば $F(A) = cD(A)$　($D(A)$ は A の行列式)
(3) $m > n$ ならば $F(A) = \sum_{i_1 < i_2 < \cdots < i_n} c_{i_1 i_2 \cdots i_n} D_{i_1 i_2 \cdots i_n}$

ここで $D_{i_1 i_2 \cdots i_n}$ は A の $i_1, i_2, \cdots, i_n$ 行からなる行列の行列式である．

問題 6-2 体 K における n 次の正方行列 $A = (a_1\ a_2\ \cdots\ a_n)$ に対する関数 $F(A) = F_k(a_k)$ が次の 2 条件をみたすとする．
1. $F_k(a_k + ca_l) = F_k(a_k)$　$(l \neq k)$
2. $F_k(ca_k) = cF_k(a_k)$

このとき次を証明せよ．

(1) $a_1, a_2, \cdots, a_n$ が線形従属ならば $F(A)=0$

(2) A の行列式を $D(A)$ とするとき，$F(A)=cD(A)$ となる定数 c がある．

問題 6-3 次の等式を証明せよ．

(1) $\begin{vmatrix} 1 & 1 & \cdots & 1 \\ x_1 & x_2 & \cdots & x_n \\ x_1^2 & x_2^2 & \cdots & x_n^2 \\ \multicolumn{4}{c}{\cdots\cdots\cdots\cdots\cdots\cdots} \\ x_1^{n-1} & x_2^{n-1} & \cdots & x_n^{n-1} \end{vmatrix} = (-1)^{\frac{n(n-1)}{2}} \prod_{i<k}(x_i - x_k)$

(2) $\begin{vmatrix} a_0 & -1 & 0 & 0 & \cdots & 0 & 0 \\ a_1 & x & -1 & 0 & \cdots & 0 & 0 \\ a_2 & 0 & x & -1 & \cdots & 0 & 0 \\ \multicolumn{7}{c}{\cdots\cdots\cdots\cdots\cdots\cdots\cdots\cdots\cdots\cdots} \\ a_{n-1} & 0 & 0 & 0 & \cdots & x & -1 \\ a_n & 0 & 0 & 0 & \cdots & 0 & x \end{vmatrix}$

$$= a_0 x^n + a_1 x^{n-1} + \cdots + a_n$$

第2章 体　　論

1. 拡大体

[概要] $K(\alpha,\beta,\gamma,\cdots)$ と拡大体の次数 (E/K) を定義する. つづいて次数についての基本性質 $(E/K)=(B/K)(E/B)$ を証明する.

以下で扱う体は可換体であると仮定する.

E を体とする. E の部分集合 K が E で定義された加法, 乗法で体をなすとき, K を E の**部分体**といい, E を K の**拡大体**という. E が K の拡大体であるということを, $K \subset E$ で表わす.

$\alpha,\beta,\gamma,\cdots$ を E の要素とするとき, K の要素を係数にもつ $\alpha,\beta,\gamma,\cdots$ の多項式の商として表わされる E の要素の集合を $K(\alpha,\beta,\gamma,\cdots)$ と書く. 明らかに $K(\alpha,\beta,\gamma,\cdots)$ は $\alpha,\beta,\gamma,\cdots$ を含む K の拡大体のうちの最小のものである. $K(\alpha,\beta,\gamma,\cdots)$ を, K に要素 $\alpha,\beta,\gamma,\cdots$ を付加して得られる体, あるいは K 上 $\alpha,\beta,\gamma,\cdots$ によって**生成される体**という.

$K \subset E$ のとき E は K 上のベクトル空間とみることができる. この場合, ベクトル空間としての演算は, E の中で定義されている加法および K の要素との積を考える

のである．K 上のベクトル空間 E の次元を E の K 上の**次数**といい，(E/K) で表わす．(E/K) が有限のとき，E は K の**有限次拡大体**であるという．

定理6. K, B, E を $K \subset B \subset E$ のような3つの体とするとき，次の関係がなりたつ．

$$(E/K) = (B/K)(E/B)$$

証明 $\alpha_1, \alpha_2, \cdots, \alpha_r$ を B 上線形独立な E の要素とし，$\gamma_1, \gamma_2, \cdots, \gamma_s$ を K 上線形独立な B の要素とする．すると $i = 1, 2, \cdots, s$；$j = 1, 2, \cdots, r$ としたときの積 $\gamma_i \alpha_j$ は K 上線形独立な E の要素となる．その理由をみるために $\sum a_{ij} \gamma_i \alpha_j = 0$ としてみよう．すると $\sum_j (\sum_i a_{ij} \gamma_i) \alpha_j$ は B からの係数をもつ α_j の線形和であり，α_j は B 上線形独立であるから，$\sum_i a_{ij} \gamma_i = 0$ が任意の j についてなりたつ．ところが γ_i は K 上線形独立であるから，すべての i, j について $a_{ij} = 0$ がわかる．

さて K 上線形独立な $\gamma_i \alpha_j$ が rs 個あるので，任意の $r \leq (E/B)$ と任意の $s \leq (B/K)$ に対して次数 $(E/K) \geq rs$ であることが示されたことになる．よって

$$(E/K) \geq (B/K)(E/B).$$

ここで右辺の2数のうちの1つが無限大ならば，これで定理が示されたことになる．(E/B) と (B/K) がいずれも有限で，たとえば r と s であるときは，α_j と γ_i をそれぞれベクトル空間 E と B の生成系にとる．このと

き K 上線形独立な $\gamma_i\alpha_j$ が E の K 上の 1 つの生成系であることを示せばよい．まず，E の任意の要素 α は B からの係数を用いて α_j の線形和に表わされる．よって $\alpha = \sum \beta_j \alpha_j$ となる．さらに B の要素 β_j は K からの係数を用いて γ_i で線形に表わされる．すなわち

$$\beta_j = \sum a_{ij}\gamma_i, \qquad j = 1, 2, \cdots, r$$

となる．よって $\alpha = \sum a_{ij}\gamma_i\alpha_j$ であり，$\gamma_i\alpha_j$ は E の K 上の生成系であることがわかる． (証明終り)

系 $K \subset K_1 \subset K_2 \subset \cdots \subset K_n$ ならば

$$(K_n/K) = (K_1/K)(K_2/K_1)\cdots(K_n/K_{n-1}).$$

問題 1-1 $\sqrt{2}, \sqrt{3}, \sqrt{6}$ は有理数体に属さないことを示せ．

問題 1-2 Q を有理数体とするとき

$$Q(\sqrt{2}) = \{a + b\sqrt{2} \mid a, b \in Q\}, \qquad (Q(\sqrt{2})/Q) = 2$$

を証明せよ．

問題 1-3 ω を 1 の立方根 $\dfrac{-1+\sqrt{3}i}{2}$ とするとき，$Q(\omega) = Q(\sqrt{3}i)$ を示せ．また $(Q(\omega)/Q)$ はいくらか．

問題 1-4 Q を有理数体とするとき $(Q(\sqrt{2},\sqrt{3})/Q)$ を求めよ．

問題 1-5 $K \subset B \subset E$ を 3 つの有限次拡大体の列とするとき次を証明せよ．

 (1) $(B/K) = 1 \rightleftarrows B = K$
 (2) $(E/K) = (E/B) \rightleftarrows B = K$
 (3) $(B/K) = (E/K) \rightleftarrows E = B$

問題 1-6 $(E_1/K) = p,\ (E_2/K) = q$ で p, q が素数ならば $E_1 = E_2$ または $E_1 \cap E_2 = K$ であることを示せ．

2. 多項式

[概要] K 内の n 次の既約多項式 $f(x)$ の根 α を付加した体 $K(\alpha)$ が n 次の拡大体であることを示すための準備として，体 K 内の多項式の扱いが通常の実数体における多項式の扱いと同じであることを注意するとともに，次の補題を証明する．

$$\deg g(x) < n, \deg h(x) < n \Rightarrow f(x) \nmid g(x)h(x)$$

$a_0, \cdots, a_n$ が体 K の要素で $a_0 \neq 0$ のとき $a_0 x^n + a_1 x^{n-1} + \cdots + a_n$ の形をした式を K 内の次数 n の**多項式**という．多項式の積と和は通常のように行なわれる*)．

K 内の多項式は，それが K 内の正の次数をもつ 2 つの多項式の積として表わされるとき**可約**であるといわれる．定数でない多項式が K 内で可約でないとき，K 内で**既約**であるといわれる．

体 K 内の 0 でない多項式 $f(x), g(x), h(x)$ が $f(x) = g(x)h(x)$ を満たすとき，$g(x)$ は $f(x)$ を割りきるとか，$g(x)$ は $f(x)$ の因数であるという．またこのとき，$f(x)$ の次数は $g(x)$ の次数と $h(x)$ の次数の和であることは容易にわかる．$g(x)$ も $h(x)$ も定数でないときは，両者とも $f(x)$ より低い次数をもつ．よって定数でない多項式はつねに有限個の K 内の既約な多項式の積として表わされる．

2 つの任意の多項式 $f(x)$ と $g(x)$ に対する除法のアルゴリズムが得られる．すなわち $f(x) = q(x) \cdot g(x) + r(x)$

---

*) 多項式 0 は通常の意味での次数をもたないが，n より小さい次数の多項式全体の集合をとりあげたとき，0 もその集合の中に含めておくことにする（なお 0 の次数は $-\infty$ と定めてもよい）．
[訳者注]

で, $r(x)$ の次数は $g(x)$ の次数より小となる $q(x), r(x)$ が一意的に定まる. これは実数体または複素数体の場合に見たのと同じ方法で証明される. ここで $r(x)$ は $g(x)$ より低次で, しかも $f(x) - r(x)$ が $g(x)$ によって割りきれるような唯一の多項式であり, $r(x)$ を $g(x)$ を法とした $f(x)$ の剰余という.

さらに, $x - \alpha$ が $f(x)$ の因数であるための必要十分条件は, α が $f(x)$ の 1 つの根であること, すなわち $f(\alpha) = 0$ であることが通常のようにして示される. よってある体内の多項式は, その体内にその多項式の次数よりも多い個数の根をもつことはできないことがわかる.

補題 $f(x)$ を K 内の次数 n の既約多項式とするとき, 0 と異なる 2 つの K 内の多項式でそれらの次数が n より小, しかもそれらの積は $f(x)$ で割りきれるようなものは存在し得ない.

証明 この命題を背理法で証明するために, $g(x), h(x)$ を n より小さい次数の多項式で, それらの積が $f(x)$ で割りきれるものとしよう. そのような多項式 $g(x)$ と $h(x)$ を $g(x)$ が次数最低であるように選んだとしよう. $f(x)$ は $g(x)h(x)$ の因数であるから
$$k(x)f(x) = g(x)h(x)$$
のような多項式 $k(x)$ が存在する. 除法のアルゴリズムによって
$$f(x) = q(x)g(x) + r(x)$$

と表わされ，$r(x)$ の次数は $g(x)$ の次数より小である．ここで $f(x)$ は既約であるから $r(x) \neq 0$ でなければならない．この等式に $h(x)$ をかけて変形すれば，次式が得られる．

$$r(x)h(x) = f(x)h(x) - q(x)g(x)h(x)$$
$$= f(x)h(x) - q(x)k(x)f(x)$$

よって $r(x)h(x)$ は $f(x)$ で割りきれなければならない．ところが $r(x)$ の次数は $g(x)$ の次数よりも小さいので，これはわれわれの $g(x)$ のとり方に矛盾する．（証明終り）

たとえばこのようにして，初等代数学の多くの定理は，任意の体 K 内の多項式の場合にもなりたつことがわかる．しかしながら，いわゆる代数学の基本定理は，少なくとも普通に述べられている形ではなりたたない．代数学の基本定理の代りをするのは，与えられた K 内の多項式に対して，その多項式が根をもつような拡大体の存在を保証するクロネッカーの定理である．また与えられた任意の体において，定数でない任意の多項式は既約な因数に分解されることを示すことができ，さらに定数因数を除外してその分解が一意的であることも示すことができる．この一意性の証明には，上のクロネッカーの定理が用いられる（53ページ参照）．

問題 2-1 K 内の 2 つの多項式 $f(x), g(x) \neq 0$ に対して
$$f(x) = q(x)g(x) + r(x), \qquad \deg r(x) < \deg g(x)$$
となる $q(x), r(x)$ が定まることを $f(x)$ の次数についての帰納

法で示せ．また $q(x), r(x)$ の一意性を示せ．

問題 2-2 第 1 章，問題 1-3 で扱った可換体 Z_p において $p=7$ にとる．体 Z_7 において，次の各方程式を満足する要素を求めよ．

(1) $3x=4$ (2) $x^2+x+1=0$ (3) $x^2-3=0$

問題 2-3 整数全体の集合を Z とし，整数を係数とする x の多項式の全体を $Z[x]$ とする．$f(x) \in Z[x]$ に対して $f(x)=af_0(x)$ となる $a \in Z, f_0(x) \in Z[x]$ が存在するとき $a \mid f(x)$ で表わす．いま p を素数とし $g(x), h(x) \in Z[x]$ とするとき $p \mid g(x)h(x)$ ならば $p \mid g(x)$ または $p \mid h(x)$ を示せ．

問題 2-4 $f(x) \in Z[x]$ が，有理数を係数にもつ 2 つの多項式 $g(x), h(x)$ の積に分解されるならば，実は $Z[x]$ に属する 2 つの多項式の積に分解されることを示せ．またとくに $f(x)$ の最高次の係数が 1 ならば，分解する多項式の最高次の係数も 1 としてよいことを示せ．

問題 2-5 次の各多項式は有理数体 Q 上既約であることを示せ．

(1) $f(x)=x^5-x-1$ (2) x^4+8

問題 2-6 $f(x)=x^5-ax-1$ が有理数体上可約となるように整数 a を定めよ．

問題 2-7 p は素数，$a_0, a_1, \cdots, a_n$ は整数で，

(1) $p \nmid a_n$ (2) $p \mid a_i \ (i=0,1,2,\cdots,n-1)$ (3) $p^2 \nmid a_0$

のとき $f(x)=a_0+a_1x+\cdots+a_nx^n$ は有理数体 Q 上既約であることを示せ．

問題 2-8 前問を用いて，次の多項式は有理数体上既約であることを示せ．

(1) x^3-3 (2) x^4-8x^2+2 (3) $x^4+x^3+x^2+x+1$

3. 代数的要素

[概要] $K \subset E$ とする.体 K 上代数的な E の要素 α の既約多項式 $f(x)$ を定義し,その性質をみる.これによって,以下の節でつねに基本となる体 $K(\alpha)$ の性質を導く.

"$(K(\alpha)/K) = \deg f(x) = n$ であり $K(\alpha)$ は K 上 $1, \alpha, \cdots, \alpha^{n-1}$ によって生成される"

そのために,

(1) $K(\alpha)$ を α に関係なく K と $f(x)$ だけからつくりあげること

(2) K 上の同型写像の考え

を用いる.これによって

"同じ $f(x)$ をもつ $K(\alpha)$ はすべて K 上同型であること"

"K から K' の上への同型写像を $K(\alpha)$ から $K'(\alpha')$ の上への同型写像に延長すること"

が導かれる.

K を体とし,E を K の拡大体とする.α を E の要素とするとき,K 内に係数をもつ多項式で α を根にもつものが存在するかどうかを問題にする.もしそのような 0 でない多項式が存在するならば,α は K 上で**代数的**であるという.

α が K 上代数的のとき,α を根にもつ K 内の 0 でない多項式の中で最低次数のものを選び,次にそれに適当な K の要素をかけて,その最高次の係数を 1 にしたものをつくり,これを $f(x)$ で表わす.するとこの多項式 $f(x)$ について,次の 3 つの性質がなりたつ.

1. $g(x)$ を $g(\alpha) = 0$ のような K 内の多項式とすると

$g(x)$ は $f(x)$ で割りきれる.
2. $f(x)$ は K 上既約である.
3. $f(x)$ は上のつくり方のもとで一意的に定まる.

証明 $g(x)$ を $g(\alpha)=0$ のような K 内の多項式とすると,$f(x)$ よりも低次数の $r(x)$ を用いて $g(x)=f(x)q(x)+r(x)$ と表わされる.この等式の x に α を代入して $r(\alpha)=0$ を得る.$r(x)$ は α を根にもち,$f(x)$ よりも低次数であるから $r(x)$ は零多項式でなければならない.よって $g(x)$ は $f(x)$ で割りきれ,性質1が示されたことになる.性質1から直ちに $f(x)$ の一意性,すなわち性質3が得られる.さらに $f(x)$ が K 内で分解されたとすると,その因数の1つは $x=\alpha$ で0にならねばならないことになり,$f(x)$ のとり方に反する.これで性質2も示されたことになる. (証明終り)

次に E の中で,次のような要素 θ のつくる部分集合 E_0 をとりあげる.
$$\theta = g(\alpha) = c_0 + c_1\alpha + \cdots + c_{n-1}\alpha^{n-1}$$
ここに $g(x)$ は K 内の多項式で n よりも低次とする(n は $f(x)$ の次数である).この集合 E_0 は加法,乗法で閉じている.乗法で閉じていることは $g(x)$ と $h(x)$ を次数が n より小さい2つの多項式としたとき
$$g(x)h(x) = q(x)f(x) + r(x)$$
とおけば,$g(\alpha)h(\alpha)=r(\alpha)$ となることからわかる.最後にまた $c_0, c_1, \cdots, c_{n-1}$ は θ から一意的に定まることがわ

かる．なぜなら，もし同一の θ に対して 2 通りの表わし方があれば，差をとることによって α の満たす n より低次数の方程式が存在することになってしまうからである．

さてここで，集合 E_0 の内部構造は，α の特性によって定まるものではなく，既約多項式 $f(x)$ によって定まるものであることを注意しよう．すなわち，この多項式を知れば，集合 E_0 における和と乗法を定めることができるわけである．この E_0 は実は体であることがこのあと証明され，$K(\alpha)$ と書かれる．もし E_0 が体 $K(\alpha)$ であることが示されたならば，$K(\alpha)$ は線形独立な $1, \alpha, \alpha^2, \cdots, \alpha^{n-1}$ で生成されることになるので

$$(K(\alpha)/K) = n$$

であることが判明する．

E_0 が体であることを示すために，拡大体 E と要素 α を用いないで集合 E_0 を模写してみる．いま K 内の既約多項式

$$f(x) = x^n + a_{n-1} x^{n-1} + \cdots + a_0$$

が与えられたとしよう．

ξ を 1 つの記号とする．次数が n より小さい ξ の多項式

$$g(\xi) = c_0 + c_1 \xi + \cdots + c_{n-1} \xi^{n-1}$$

全体の集合を E_1 とする．この集合は加群をなす．ここで E_1 の 2 つの要素 $g(\xi)$ と $h(\xi)$ に対して通常の積のほかに新しい乗法を定義し，それを $g(\xi) \times h(\xi)$ と表わす．すなわち $g(\xi) \times h(\xi)$ とは通常の積 $g(\xi)h(\xi)$ の $f(\xi)$

を法とした剰余 $r(\xi)$ のことと定義する．するとまず，$g_1(\xi), g_2(\xi), \cdots, g_m(\xi)$ の積 $g_1(\xi) \times g_2(\xi) \times \cdots \times g_m(\xi)$ は通常の積 $g_1(\xi) g_2(\xi) \cdots g_m(\xi)$ の剰余に等しいことがわかる．この性質は $m=2$ のときは定義から明らかであり，任意の m に対しては次の性質と数学的帰納法とを用いて示される．その性質とは

"$g_1(\xi)$ と $g_2(\xi)$ の剰余をそれぞれ $r_1(\xi)$ と $r_2(\xi)$ とすると $g_1(\xi) g_2(\xi)$ と $r_1(\xi) r_2(\xi)$ とは同じ剰余をもつ"

ということである．この証明の詳細は読者にまかせよう．

さて，この事実からわれわれの新しい積が結合法則および交換法則をみたすことがわかる．また通常の積 $g_1(\xi) g_2(\xi) \cdots g_m(\xi)$ の次数が n に達しないときは，新しい意味での積 $g_1(\xi) \times g_2(\xi) \times \cdots \times g_m(\xi)$ はこの通常の積 $g_1(\xi) g_2(\xi) \cdots g_m(\xi)$ に一致することもわかる．この新しい乗法が分配法則を満たすことも簡単に示すことができる．

集合 E_1 は体 K を含み，E_1 における新しい乗法を K 内に限れば，K 内のもともとの乗法に一致している．また ξ は E_1 に含まれている多項式の1つである．これ自身を i 回かけた結果は，$i < n$ である限り ξ^i である．ところが $i = n$ のときは多項式 ξ^n の剰余を計算しなければならない．この剰余は次のようになる．

$$\xi^n - f(\xi) = -a_{n-1}\xi^{n-1} - a_{n-2}\xi^{n-2} - \cdots - a_0$$

ここでわれわれは古い意味の乗法を完全にやめることにして，新しい乗法だけを扱うことにする．また，記号をかえて新しい乗法を点（または並べておくだけ）を用いて表

わすことにする．

このような意味で演算
$$c_0+c_1\xi+\cdots+c_{n-1}\xi^{n-1}$$
の結果を考えてみると，次数が n より小さいので，演算の結果ははじめからこの形に表わされている E_1 の要素に一致する．また
$$\xi^n = -a_{n-1}\xi^{n-1}-a_{n-2}\xi^{n-2}-\cdots-a_0$$
であるから，移項して E_1 内で $f(\xi)=0$ のなりたつことがわかる．

以上のようにして，集合 E_1 をつくり，次にその中で加法と乗法をつくり，この演算について，体の公理がほとんど満たされていることがわかった．さらに E_1 は K を部分体に含み，方程式 $f(\xi)=0$ を満たす要素を含んでいる．

ここで，E_1 が体であることを示すために E_1 の 2 つの要素 $g(\xi)\neq 0$ と $h(\xi)$ が与えられたとき
$$g(\xi)X(\xi)=h(\xi)$$
となるような E_1 の要素
$$X(\xi) = x_0+x_1\xi+\cdots+x_{n-1}\xi^{n-1}$$
が存在することを示さねばならない．そのためには $X(\xi)$ の係数 x_i を未知数と考え，左辺にある積を計算し，次に等式 $f(\xi)=0$ を用いて ξ について $n-1$ よりも高い次数の項をなくすようにする．その結果は次の形となる．
$$L_0+L_1\xi+\cdots+L_{n-1}\xi^{n-1}$$
ここで L_i は K の要素を係数とする $x_1, x_2, \cdots, x_{n-1}$ の線形和である．この結果が $h(\xi)$ に一致しなければならない

ので，$h(\xi)$ の係数を b_i とすると，次のような n 個の未知数についての n 個の方程式を得る．

$$L_0 = b_0, \quad L_1 = b_1, \quad \cdots, \quad L_{n-1} = b_{n-1}$$

この連立方程式が解をもつためには，対応する同次連立方程式

$$L_0 = 0, \quad L_1 = 0, \quad \cdots, \quad L_{n-1} = 0$$

が自明解しかもたないことを示せばよい．ところがあとの連立方程式は，$g(\xi)X(\xi) = 0$ をみたす要素 $X(\xi)$ を問題にしたときに得られる方程式である．これは古い意味の乗法にもどって $g(\xi)X(\xi)$ を考えたとき，$g(\xi)X(\xi)$ の剰余が 0，すなわち $g(\xi)X(\xi)$ が $f(\xi)$ で割りきれる場合である．ところが 42 ページの補題により，これは $X(\xi) = 0$ の場合のみ起こりうることである．すなわち上の同次方程式は自明解しかもち得ない．

以上のようにして E_1 が体であることが示された．

さてここで，前にやったように，$f(x)$ の 1 根 α を用いてつくった集合 E_0 をとりあげよう．そして E_1 の要素 $g(\xi)$ を E_0 の要素 $g(\alpha)$ に写像して考えると，E_0 は E_1 と同じ構造をしていることがわかる．すなわちこの写像は，要素の和の像は像の和に等しく，要素の積の像は像の積に等しいという特性をもっている．

一般に 1 つの体 K から他の体 K' の中への写像 σ で次の性質をもつものを考える．すなわち K の任意の要素 α に対して，α に対応する K' の要素を $\sigma(\alpha)$ で示すとき，K の任意の要素 α, β に対して次の性質をもつ写像であ

る.

1. $\sigma(\alpha+\beta)=\sigma(\alpha)+\sigma(\beta)$
2. $\sigma(\alpha\beta)=\sigma(\alpha)\sigma(\beta)$

ここで $\sigma(\alpha)=0$ のような要素 $\alpha \neq 0$ が存在すれば,性質2によって任意の β に対して

$$\sigma(\beta)=\sigma(\alpha\alpha^{-1}\beta)=\sigma(\alpha)\sigma(\alpha^{-1}\beta)$$
$$=0\sigma(\alpha^{-1}\beta)=0$$

となり,K 全体が0に写像されてしまう.しかしこの写像は意味のないものであるから,ここでは次のことを仮定する.

3. $\alpha \neq 0$ ならば $\sigma(\alpha) \neq 0$

さて性質1において $\alpha=0$ とすると,$\sigma(\beta)=\sigma(0)+\sigma(\beta)$ から,$\sigma(0)=0$ が得られる.また,性質1において $\beta=-\alpha$ とおくと,$0=\sigma(\alpha)+\sigma(-\alpha)$ となり,$\sigma(-\alpha)=-\sigma(\alpha)$ が得られる.よってさらに

$$\sigma(\alpha-\beta)=\sigma(\alpha)-\sigma(\beta)$$

も得られる.性質2において $\alpha=\beta=1$ とおき仮定3によって $\sigma(1) \neq 0$ でなければならないことに注意すると $\sigma(1)=1$ が得られる.そこで性質2において $\beta=\alpha^{-1}$ とおくと $\sigma(\alpha^{-1})=\sigma(\alpha)^{-1}$ が得られ,さらに次の結果が得られる.

$$\sigma\left(\frac{\alpha}{\beta}\right)=\frac{\sigma(\alpha)}{\sigma(\beta)}$$

最後に $\sigma(\alpha)=\sigma(\beta)$ ならば $\sigma(\alpha-\beta)=0$ であり,仮定によって $\alpha=\beta$ でなければならないことになり,σ は K か

ら K' の中への一対一の写像であることがわかる．このような写像を K から K' の中への**同型写像**という．このとき，K の像は K' の部分体である．

さらに写像 σ が体 K を体 K' 全体へ写像するときは，K から K' の**上への同型写像**とよばれる．σ が K から K' の上への同型写像ならば逆に K' から K の上へもどる逆写像 σ^{-1} を考えることができて，これも K' から K の上への同型写像である．K から K' の上への同型写像が存在するとき，K と K' は**同型**であるともいう．

このような定義は K' が K に一致していても，むろんさしつかえはない．σ が K からそれ自身の上への同型写像のとき，σ は K の**自己同型写像**といわれる．この場合には σ^{-1} もまた K の自己同型写像である．K の恒等写像は K の1つの自己同型写像である．

以上の考察に従うと，体 E_1 から体 E の中への同型写像の像である E_0 は体であることがわかる．

一般に，σ を K から K' の上への同型写像とするとき，K の要素 a の像 $\sigma(a)$ を単に a' で示すことにする．ここで K の多項式
$$f(x) = a_0 + a_1 x + \cdots + a_n x^n$$
の写像 σ による像 $f'(x)$ を
$$f'(x) = a'_0 + a'_1 x + \cdots + a'_n x^n$$
として定義する．すると容易に次の2つの等式のなりたつことがわかる．

$$(f(x)+g(x))' = f'(x)+g'(x)$$
$$(f(x)g(x))' = f'(x)g'(x)$$

さらに K 内の既約な多項式 $f(x)$ の像 $f'(x)$ は K' 内で既約であることも容易にわかる．

さてここで，以上の扱いから得られた1つの定理をあげておこう．

定理7.（クロネッカー） $f(x)$ を体 K における定数でない多項式とするとき，K の拡大体 E で，$f(x)$ がその中に根をもつものが存在する．

証明 $f(x)$ の1つの既約因子をとり，これを用いて上でつくった拡大体 E_1 をつくればよい． （証明終り）

定理8. σ を体 K から体 K' の上への同型写像とする．$f(x)$ を K 内の既約多項式とし，その像を $f'(x)$ とする．$f(\alpha)=0$ を満たす α による拡大体を $E=K(\alpha)$ とし，$f'(\alpha')=0$ をみたす α' による拡大体を $E'=K'(\alpha')$ とする．すると σ は α の像が α' であるような E から E' の上への同型写像に延長される．

証明 E の任意の要素 θ は $\theta=g(\alpha)$ の形をしている．ここに $g(x)$ は K 内の多項式で，その次数は $f(x)$ の次数よりも低いものである．θ に $g'(\alpha')$ を像として対応づけよう．この写像は明らかに与えられた写像 σ の延長であり，E を E' の上へ一対一に写像する．このとき2要素の和は像の和に写像されることは明らかである．ま

た $g(\alpha)h(\alpha) = r(\alpha)$ とすると $r(x)$ は $g(x)h(x)$ の $f(x)$ を法とした剰余であり,したがって $g(x)h(x) = q(x)f(x) + r(x)$ のような多項式 $q(x)$ が存在する.ここで多項式の像を考えると $g'(x)h'(x) = q'(x)f'(x) + r'(x)$ であり,$x = \alpha'$ に対して $g'(\alpha')h'(\alpha') = r'(\alpha')$ となる.よって2要素の積は像の積に写像される. (証明終り)

定理8によって,1つの既約方程式の根によって生成された拡大体の構造は,その根の選び方に関係しないという特性が示されたことになる.

問題 3-1 $K \subset E$ のとき,E の要素 α が $\alpha^2 + k\alpha + l = 0 \, (k, l \in K)$ を満たすための必要十分条件は,$(K(\alpha)/K) = 1$ または $(K(\alpha)/K) = 2$ であることを示せ.

問題 3-2 次の体は有理数体 Q 上何次の体か.
 (1) $Q(\alpha)$ ただし $\alpha^3 = 1, \, \alpha \neq 1$
 (2) $Q(\alpha)$ ただし $\alpha^3 = 2$
 (3) $Q(\alpha)$ ただし $\alpha^4 + \alpha^2 + 1 = 0$

問題 3-3 α が $f(x) = x^3 - x - 2 = 0$ の根のとき,$(Q(\alpha)/Q) = 3$ を示し,さらに次の値を α の2次以下の多項式で表わせ.
 (1) α^5 (2) $\dfrac{1}{\alpha + 1}$

問題 3-4 E が K の拡大体で α が K 上代数的であるとする.$(K(\alpha)/K) = 2, E \cap K(\alpha) = K$ とすると $E(\alpha)$ は E 上次数2であることを示せ.

問題 3-5 体 K の相異なる n 個の要素 $a_1, a_2, \cdots, a_n$ と n 個の要素 $b_1, b_2, \cdots, b_n$ (こちらは等しい要素があってもよい)を与えたとき,$f(a_i) = b_i \, (i = 1, 2, \cdots, n)$ となる $n-1$ 次の K 内の多項式

$$f(x) = c_0 + c_1 x + \cdots + c_{n-1} x^{n-1}$$
が存在することを証明せよ．

問題 3-6 σ が K から K' への同型写像で，K, K' がともに有理数体 Q の拡大体のとき有理数 a に対して $\sigma(a) = a$ であることを示せ．

問題 3-7 実数体 R の自己同型写像を σ とするとき，次を順に証明せよ．

(1) $\alpha > 0$ ならば $\sigma(\alpha) > 0$, $\alpha > \beta$ ならば $\sigma(\alpha) > \sigma(\beta)$

(2) σ は恒等写像である

4. 分解体

[概要] K 内の多項式 $f(x)$ の根をすべて K に付加した体を $f(x)$ の分解体という．分解体の存在と，同型を除いて一意に定まることを示すのがこの節の目標である．すなわち体 K と K 内の多項式 $f(x)$ が与えられ，K の拡大体 E 内で $f(x)$ が 1 次因子のみに分解したとき，E 内では $f(x)$ の分解体 B はただ 1 つに定まる．しかし，このような E のとり方はいろいろあり，別の E' と E' 内での $f(x)$ の分解体 B' を考えたとき，B と B' は K 上同型になるというのである．

$K \subset B \subset E$ のような 3 つの体 K, B, E を考えたとき，B を**中間体**という．$p(x)$ を K 内の多項式で，拡大体 E においては 1 次因子だけに分解するものとする．いまその 1 次式分解を
$$p(x) = a(x - \alpha_1)(x - \alpha_2) \cdots (x - \alpha_s)$$
のように表わす．ここで a は x の最高次の係数であり，K の要素である．

このような分解が E のある部分体ですでに可能とい

うことは，その中間体が $\alpha_1, \alpha_2, \cdots, \alpha_s$ を含むということである．よってこのような分解が可能な最小の中間体は体 $K(\alpha_1, \alpha_2, \cdots, \alpha_s)$ である．この体を $p(x)$ の K 上の**分解体**，または単に $p(x)$ の**分解体**という．

分解体の存在は次のようにしてわかる．まず定理7によって，体 K を拡大してその体の中で $p(x) = (x - \alpha_1) p_1(x)$ と分解できるようにする．この操作を次に $p_1(x)$ について行なう．これをつづけていけば，$p(x)$ が一次因子に分解されるような K の1つの拡大体に到達することができるわけである．すなわち:

定理 9. 体 K 内の任意の多項式 $p(x)$ に対して，$p(x)$ の K 上の分解体 E が存在する．

さて K から分解体 $E = K(\alpha_1, \alpha_2, \cdots, \alpha_s)$ までの間に，次のような体の列を考えることができる．

$$K = E_0 \subset E_1 \subset \cdots \subset E_s = E$$

ここで $E_i = K(\alpha_1, \alpha_2, \cdots, \alpha_i) = E_{i-1}(\alpha_i)$ とする．ところが $p(\alpha_i) = 0$ で $p(x)$ は E_{i-1} 内の多項式であるから，α_i は E_{i-1} 上で代数的である．よって次数 (E_i/E_{i-1}) は有限であり，$p(x)$ の分解体の次数 (E/K) も有限であることがわかる．

次の定理は，1つの多項式の分解体は同型を除いて一意に定まることを述べている．

定理 10. σ を体 K から体 K' の上への同型写像とす

る．$p(x)$ を K 内の多項式とし，その K' 内への像を $p'(x)$ とする．また $p(x)$ の K 上の分解体を E とし $p'(x)$ の K' 上の分解体を E' とする．すると同型写像 σ は E から E' の上への同型写像に延長される．

証明　$p(x)$ の E 内における分解を
$$p(x) = a(x-\alpha_1)(x-\alpha_2)\cdots(x-\alpha_s)$$
とする．α_i がすべて K に属するならば $E=K$ であり，この分解をそのまま σ で写像して $p'(x)$ の K' における分解を得る．よって $E'=K'$ であり，この場合に定理はなりたっている．

次に K に属さない α_i の個数 n について帰納法を行なう．いま $n>1$ とし，K に属さない根の個数が n より小であるすべての場合に，この定理はなりたっているとする．ここでたとえば α_1 は K に属さないとし，α_1 を根にもつ K 内の既約多項式を $f(x)$ とする．$p(\alpha_1)=0$ であるから $p(x)=f(x)g(x)$ であり，したがってまた $p'(x)=f'(x)g'(x)$ である．いま $p'(x)$ の E' における分解を
$$p'(x) = a'(x-\beta_1)(x-\beta_2)\cdots(x-\beta_s)$$
とする．一方 E' のある拡大体をとれば $f'(x)$ は根 γ をもち，$p'(\gamma)=0$ となる．よって
$$a'(\gamma-\beta_1)(\gamma-\beta_2)\cdots(\gamma-\beta_s) = 0$$
となり，β_i の中の1つ，たとえば β_1 は，いまとった $f'(x)$ の根 γ に一致する．さて定理8によって同型写像 σ は $K(\alpha_1)$ から $K'(\beta_1)$ の上への同型写像 τ に延長される．

$p(x)$ は $K(\alpha_1)$ の中の多項式であり，$p'(x)$ は $K'(\beta_1)$ の多項式であり，$p'(x)$ は $p(x)$ の τ による像とみることができる．E は $K(\alpha_1)$ 上 $p(x)$ の分解体であり，E' は $K'(\beta_1)$ 上 $p'(x)$ の分解体である．$K(\alpha_1)$ に属する $p(x)$ の根の個数は，K に属する $p(x)$ の根の個数より少なくとも 1 だけ大であり，したがって $K(\alpha_1)$ に属さない根の個数は n より小である．帰納法の仮定により，τ は E から E' の上への同型写像に延長され，この同型写像が σ の延長でもあることは明らかである． (証明終り)

系 $p(x)$ を体 K 内の多項式とすると，$p(x)$ の任意の 2 つの分解体は互いに同型である．

証明 定理 10 において $K=K'$ とし，σ を恒等写像，すなわち $\sigma(x)=x$ のような写像とした場合にほかならない． (証明終り)

この系により，$p(x)$ の任意の 2 つの分解体は同型であるので，単に "$p(x)$ の分解体" という言葉を用いてもよいことが保証される．$p(x)$ がその分解体の 1 つにおいて重根をもつならば，任意の他の分解体においてもまた重根をもつ．"$p(x)$ が重根をもつ" ということは分解体のとり方に無関係である．

いま証明した一意性の定理の意味を知るには，K が有理数体の場合を扱ってみるとよい．$p(x)$ を有理数体 K において既約な多項式とすると，$p(\alpha)=0$ のような α による拡大体 $K(\alpha)$ には 2 通りのつくり方がある．第 1 の

方法は3節で扱った抽象的な方法であり，第2の方法は $p(\alpha')=0$ のような複素数 α' の存在を保証する，いわゆる代数学の基本定理による方法である．第2の方法においてこの α' をつくるときは，極限とか解析学の他の補助手段を用いるので，第2の方法は第1の方法とは根本的に異なるものである．しかし定理8によれば，2つの体 $K(\alpha)$ と $K(\alpha')$ とは同型である．また定理10により多項式の分解体も同型である．代数的なことがらの基礎づけには，代数学の基本定理は不要なのである．

問題 4-1 有理数体 Q 内の次の多項式の分解体 B は Q 上何次か．

(1) $f(x)=x^2+2x-4$ (2) $f(x)=x^3-2$

問題 4-2 有理数体 Q 内の3次式を $f(x)=x^3+ax+b$ とする．

(1) $f(x)=0$ の3根を α,β,γ として
$$D=\{(\alpha-\beta)(\beta-\gamma)(\gamma-\alpha)\}^2$$
とするとき $D=-4a^3-27b^2$ であることを示せ．

(2) Q 上 $f(x)$ の分解体を B とすると $B=Q(\sqrt{D},\alpha)$ であることを示せ．

問題 4-3 前問を用いて次の3次式の分解体 B の Q 上の次数を求めよ．

(1) x^3-3x+1 (2) x^3+2x+2

5. 多項式の既約因子分解

[概要] K 内の多項式の既約多項式への分解の一意性は，多項式の最大公約数によって証明するのが普通である．しかしここで

は多項式の根を用いた別証明を与えている.

定理 11. $p(x)$ を体 K 内の定数でない多項式とし,$p(x)$ が次のように次数が 1 以上の K 内の既約多項式の積に 2 通りに表わされたとする.
$$p(x) = p_1(x)p_2(x)\cdots p_r(x) = q_1(x)q_2(x)\cdots q_s(x)$$
すると $r=s$ であり,適当に順番をつけなおすと
$$p_i(x) = c_i q_i(x)$$
となる.ここに c_i ($i=1,2,\cdots,r$) は K の要素である.

証明 $p(x)$ の K 上の分解体をつくり,$p_1(x)$ の根の 1 つを α とする.
$$p_1(x)p_2(x)\cdots p_r(x) = q_1(x)q_2(x)\cdots q_s(x)$$
において $x=\alpha$ とおくと
$$0 = q_1(\alpha)q_2(\alpha)\cdots q_s(\alpha)$$
となり,因数の中の 1 つ,たとえば $q_1(\alpha)$ は 0 でなければならない.よって $q_1(x)$ は $p_1(x)$ で割りきれねばならないが,$q_1(x)$ は既約なので,K の要素 c_1 を用いて $p_1(x) = c_1 q_1(x)$ となる.これを上の分解式にあてはめて $q_1(x)$ を簡約すると
$$c_1 p_2(x)\cdots p_r(x) = q_2(x)\cdots q_s(x)$$
となる.あとは帰納法である. (証明終り)

問題 5-1 第 2 章,問題 2-2 で扱った体を K とするとき,次の多項式が K 上既約か否かをしらべよ.可約のときはその分解を示せ.
(1) x^2-3 (2) x^3-3x-5

6. 群 指 標

[概要] ベクトル空間の理論を用いて定理 13 を導き，これを以下の理論の基礎にするのがアルティンのガロア理論の特色である．定理 13 とは：

"体 E から体 E' の中への相異なる n 個の同型写像 $\sigma_1, \sigma_2, \cdots, \sigma_n$ があり，E の部分体 K の要素 a に対してはつねに $\sigma_1(a) = \sigma_2(a) = \cdots = \sigma_n(a)$ であるとき，不等式 $(E/K) \geqq n$ がなりたつ"

ということである．この節ではこの定理 13 を証明し，次にとくに体 E の部分体を K とするとき，K のすべての要素を不変にする E の自己同型写像の全体が群になることを示す．

G を乗法群，K を体とする．G から K の中への写像 σ が，G の任意の要素 α, β に対して，

$$\sigma(\alpha\beta) = \sigma(\alpha)\sigma(\beta)$$

を満たすとする．ここで

$$\sigma(\alpha) = 0$$

となる G の要素 α が 1 つでもあれば，G の任意の要素 β に対して

$$\sigma(\beta) = \sigma(\alpha\alpha^{-1}\beta) = \sigma(\alpha)\sigma(\alpha^{-1}\beta) = 0$$

となり，写像 σ は意味ないものとなってしまう．よってわれわれは，G の任意の要素 α に対して $\sigma(\alpha) \neq 0$ であると仮定する．このような写像 σ を K における G の**指標**と名づける．

定理 12. 体 K における群 G の異なる指標 $\sigma_1, \sigma_2, \cdots, \sigma_n$ は線形独立である．すなわち K の要素 $a_1, a_2, \cdots, a_n$

に対して
$$a_1\sigma_1(x)+a_2\sigma_2(x)+\cdots+a_n\sigma_n(x)=0$$
が G のすべての要素 x に対してなりたつならば,実は $a_1=a_2=\cdots=a_n=0$ である.

証明 n についての帰納法による.$n=1$ のとき上の式は $a_1\sigma_1(x)=0$ となり,$\sigma_1(x)\neq 0$ であるから $a_1=0$ となる.いま $n>1$ とし,この定理が n より少ない個数の指標に対して証明されているとする.このとき仮定の式
$$a_1\sigma_1(x)+a_2\sigma_2(x)+\cdots+a_n\sigma_n(x)=0$$
を次のようにして 2 通りに書きなおす.

α を G の要素とし,そのとり方は後で指定するものとする.まず第 1 の書きなおしは,上の式において x を αx でおきかえることであり,第 2 の書きなおしは,上の式に $\sigma_n(\alpha)$ をかけることである.こうして次の 2 式が得られる.
$$a_1\sigma_1(\alpha)\sigma_1(x)+a_2\sigma_2(\alpha)\sigma_2(x)+\cdots+a_n\sigma_n(\alpha)\sigma_n(x)=0$$
$$a_1\sigma_n(\alpha)\sigma_1(x)+a_2\sigma_n(\alpha)\sigma_2(x)+\cdots+a_n\sigma_n(\alpha)\sigma_n(x)=0$$
差をとって
$$a_1\{\sigma_1(\alpha)-\sigma_n(\alpha)\}\sigma_1(x)+\cdots$$
$$+a_{n-1}\{\sigma_{n-1}(\alpha)-\sigma_n(\alpha)\}\sigma_{n-1}(x)=0$$
ここで帰納法の仮定を用いると,とくに次の結果が得られる.
$$a_1\{\sigma_1(\alpha)-\sigma_n(\alpha)\}=0$$
ところが $n>1$ であるから σ_1 と σ_n とは異なる指標であ

り，よって $\sigma_1(\alpha) \neq \sigma_n(\alpha)$ のような G の要素 α が存在する．α としてこの要素を用いると，$a_1 = 0$ でなければならないことがわかる．これをはじめの関係式に用いると，ここでまた帰納法の仮定により $a_2 = \cdots = a_n = 0$ がわかる． (証明終り)

さて，この定理の G として体 E の乗法群をとり，指標として体 E から体 E' の中への同形写像をとる．ここで体 E の乗法群とは，E の 0 と異なる要素の集合が体の乗法演算でつくる群のことである．

系 E, E' を2つの体とする．E から E' の中への異なる同型写像 $\sigma_1, \sigma_2, \cdots, \sigma_n$ は線形独立である．

$\sigma_1, \sigma_2, \cdots, \sigma_n$ が体 E から体 E' の中への同型写像のとき
$$\sigma_1(a) = \sigma_2(a) = \cdots = \sigma_n(a)$$
となる E の要素 a を $\sigma_1, \sigma_2, \cdots, \sigma_n$ に関する E の**不変要素**という．とくに $E \subset E'$ で σ_i が E の自己同型写像であり，σ_1 がとくに恒等写像のとき，このような要素に対しては $\sigma_i(a) = \sigma_1(a) = a$ となるので，不変要素の名がつけられるのである．

補題 体 E から体 E' の中への同型写像 $\sigma_1, \sigma_2, \cdots, \sigma_n$ に関する不変要素の集合は E の1つの部分体である．この部分体を $\sigma_1, \sigma_2, \cdots, \sigma_n$ に関する**不変体**という．

証明 a, b を不変要素とすると

$$\sigma_i(a \pm b) = \sigma_i(a) \pm \sigma_i(b) = \sigma_j(a) \pm \sigma_j(b) = \sigma_j(a \pm b)$$

$$\sigma_i(ab) = \sigma_i(a)\sigma_i(b) = \sigma_j(a)\sigma_j(b) = \sigma_j(ab)$$

であり,また $\sigma_i(a) = \sigma_j(a)$ ならば

$$\sigma_i(a^{-1}) = (\sigma_i(a))^{-1} = (\sigma_j(a))^{-1} = \sigma_j(a^{-1})$$

である.よって2つの不変要素の和,差,積はまた不変要素であり,不変要素の逆要素もまた不変要素である.

(証明終り)

定理 13. 体 E から体 E' の中への異なる同型写像 $\sigma_1, \sigma_2, \cdots, \sigma_n$ の不変体を K とすると $(E/K) \geq n$ である.

証明 $(E/K) = r < n$ とすると矛盾が導かれることを示そう.ベクトル空間としての E の K 上の1組の生成系を $\omega_1, \omega_2, \cdots, \omega_r$ とする.線形同次連立方程式

$$\sigma_1(\omega_1)x_1 + \sigma_2(\omega_1)x_2 + \cdots + \sigma_n(\omega_1)x_n = 0$$
$$\sigma_1(\omega_2)x_1 + \sigma_2(\omega_2)x_2 + \cdots + \sigma_n(\omega_2)x_n = 0$$
$$\cdots\cdots\cdots\cdots\cdots\cdots\cdots\cdots\cdots$$
$$\sigma_1(\omega_r)x_1 + \sigma_2(\omega_r)x_2 + \cdots + \sigma_n(\omega_r)x_n = 0$$

をつくると,方程式の個数よりも未知数の個数のほうが大きいので,この連立方程式は非自明解をもつ.これを $x_1, x_2, \cdots, x_n$ とする.α を E の任意の要素とし,$\alpha = a_1\omega_1 + \cdots + a_r\omega_r$ となる K の要素 $a_1, a_2, \cdots, a_r$ をとる.上の第1式に $\sigma_1(a_1)$ をかけ,第2式に $\sigma_1(a_2)$ をかけ,以下同様にする.a_i は不変要素であるから $\sigma_1(a_i) = \sigma_j(a_i)$ であり,これを用いると次の r 個の式を得る.

$$\sigma_1(a_1\omega_1)x_1 + \sigma_2(a_1\omega_1)x_2 + \cdots + \sigma_n(a_1\omega_1)x_n = 0$$

....

$$\sigma_1(a_r\omega_r)x_1 + \sigma_2(a_r\omega_r)x_2 + \cdots + \sigma_n(a_r\omega_r)x_n = 0$$

これらを加えて

$$\sigma_1(\alpha)x_1 + \sigma_2(\alpha)x_2 + \cdots + \sigma_n(\alpha)x_n = 0.$$

ところが $x_1, x_2, \cdots, x_n$ の中には 0 でないものがあるので，これは $\sigma_1, \sigma_2, \cdots, \sigma_n$ が線形独立であることに矛盾する．

(証明終り)

系 E の異なる自己同型写像 $\sigma_1, \sigma_2, \cdots, \sigma_n$ があるとき，各 σ_i によって不変，すなわち $\sigma_i(a) = a\ (i=1,\cdots,n)$ のような要素 a 全体のつくる体を K とすると

$$(E/K) \geq n.$$

証明 σ_i の中に恒等写像が含まれているときは，この系は定理13からただちに得られ，σ_i の中に恒等写像が含まれていないときは，これを含ませて考えると $(E/K) \geq n+1$ となる． (証明終り)

σ を E の自己同型写像とするとき，E の部分体 K の任意の要素 a に対して $\sigma(a) = a$ がなりたつならば，σ は体 K を不変にするという．

σ, τ は E の2つの自己同型写像で，その合成写像を $\sigma\tau$ で表わすと，$\sigma\tau$ もまた自己同型写像であることがわかる．(たとえば $\sigma\tau(xy) = \sigma(\tau(xy)) = \sigma(\tau(x)\tau(y)) = \sigma(\tau(x))\sigma(\tau(y)) = \sigma\tau(x)\sigma\tau(y)$ である．) この $\sigma\tau$ を σ と τ の積という．またすでにみたように (52ページ)，自

己同型写像 σ の逆写像 σ^{-1} もまた自己同型写像である．よって自己同型写像全体のつくる集合は，この乗法のもとで群であることがわかる．

E の 2 つの自己同型写像が部分体 K を不変にするときは，それらの積や逆要素もまた K を不変にする．よって E の自己同型写像で K を不変にするようなもの全体も，1 つの群 G をつくる．このときこの群 G をもとに G の不変体 K' をつくると，一般には，K は K' の部分体になる．

問題 6-1 σ, τ を E の自己同型写像とすると，合成写像 $\sigma\tau$ もまた E の自己同型写像であることを示せ．

7. 定理 13 の応用例

［概要］定理 13 を用いて 2 つの例を証明する．

1. 可換体 k 上の有理関数体を $E = k(x)$ とする．

$$\sigma_1(f(x)) = f(x), \quad \sigma_2(f(x)) = f\left(\frac{1}{x}\right)$$

$$\sigma_3(f(x)) = f(1-x), \quad \sigma_4(f(x)) = f\left(1-\frac{1}{x}\right)$$

$$\sigma_5(f(x)) = f\left(\frac{1}{1-x}\right), \quad \sigma_6(f(x)) = f\left(\frac{x}{x-1}\right)$$

によって定まる 6 個の自己同型写像は群をなし，その不変体は $I = \dfrac{(x^2-x+1)^3}{x^2(x-1)^2}$ としての $K = k(I)$ である．

2. $x_1, x_2, \cdots, x_n$ の対称式は基本対称式の多項式である．

定理 13 には次のような応用がある．

例1. k を1つの体とする．$E=k(x)$ を変数 x の有理関数全体のつくる体とする．E の要素 $f(x)$ に対して $f\left(\dfrac{1}{x}\right)$ を対応させると，E の自己同型写像が得られる．また $f(x)$ に $f(1-x)$ を対応させる写像も E の自己同型写像である．この2つの自己同型写像をできる限り合成させると，次のような全部で6個の異なる自己同型写像が得られる．

$$\sigma_1(f(x))=f(x),\quad \sigma_2(f(x))=f\left(\frac{1}{x}\right)$$

$$\sigma_3(f(x))=f(1-x),\quad \sigma_4(f(x))=f\left(1-\frac{1}{x}\right)$$

$$\sigma_5(f(x))=f\left(\frac{1}{1-x}\right),\quad \sigma_6(f(x))=f\left(\frac{x}{x-1}\right)$$

この6個の自己同型写像に関する不変体を K とすると，K は次の等式を満たす有理関数の全体である．

$$f(x)=f(1-x)=f\left(\frac{1}{x}\right)$$
$$=f\left(1-\frac{1}{x}\right)=f\left(\frac{1}{1-x}\right)=f\left(\frac{x}{x-1}\right)$$

はじめの2つの等式がなりたてば，あとの等式はこの2つから導かれるので，$f(x)$ がこの5つの等式を全部満たすかどうかをみるには，はじめの2つの等式をしらべればよい．とくに関数

$$I=I(x)=\frac{(x^2-x+1)^3}{x^2(x-1)^2}$$

が K に属すことが容易に確かめられる．よって I の有理関数体 $S=k(I)$ は体 K に含まれる．ところがここで次がなりたつことが証明される．

$$K = S = k(I), \quad (E/K) = 6$$

証明 まず，定理 13 によって $(E/K) \geqq 6$ であり，$S \subset K$ であるから，$(E/S) \geqq 6$ となる．よって $(E/S) \leqq 6$ であることを示せばよい．ところがさらに，$E = S(x)$ であるから，$(E/S) \leqq 6$ を示すには x を根にもち S 内に係数をもつ 6 次方程式があればよい．次の方程式が，まさにその条件を満たすものである．

$$(x^2-x+1)^3 - Ix^2(x-1)^2 = 0 \quad \text{（証明終り）}$$

これらの体の性質を，さらにいろいろしらべてみることは，適切な練習になる．また，後になれば，中間体のすべてをしらべることもできる．

例 2. k を体とし，$E = k(x_1, x_2, \cdots, x_n)$ を n 個の変数 $x_1, x_2, \cdots, x_n$ の有理関数全体のつくる体とする．$(\nu_1, \nu_2, \cdots, \nu_n)$ を $(1, 2, \cdots, n)$ の順列とし，E の各要素 $f(x_1, x_2, \cdots, x_n)$ に対して，x_1 を x_{ν_1} で，x_2 を x_{ν_2} で，$\cdots$，x_n を x_{ν_n} でおきかえて得られる E の写像は，明らかに自己同型写像である．恒等写像を含め，このようにして $n!$ 個の自己同型写像がつくられる．K を不変体とすると，これがいわゆる "対称関数" 全体の集合にほかならない．定理 13 により，まず

$$(E/K) \geqq n!$$

であることがわかる．次に，多項式
$$f(t) = (t-x_1)(t-x_2)\cdots(t-x_n)$$
$$= t^n + a_1 t^{n-1} + \cdots + a_n$$
をとりあげよう．ここで $a_1 = -(x_1+x_2+\cdots+x_n), a_2 = +(x_1x_2+x_1x_3+\cdots+x_{n-1}x_n)$ であり，一般に a_i は x_1, $x_2, \cdots, x_n$ から異なる i 個の積をつくり，そのすべてを加えたものに $(-1)^i$ をかけた値である．関数 $a_1, a_2, \cdots, a_n$ は**基本対称式**とよばれ，それらの有理関数体 $S = k(a_1, a_2, \cdots, a_n)$ が K に含まれることは明らかである．

ここで前例と同様にして次がなりたつことを証明しよう．
$$K = S = k(a_1, a_2, \cdots, a_n), \qquad (E/K) = n!$$

証明 $(E/S) \leq n!$ であることを示せばよい．そのために
$$S_n = S,$$
$$S_i = S(x_{i+1}, x_{i+2}, \cdots, x_n)$$
$$= S_{i+1}(x_{i+1})$$
として次のような体の列を考える．
$$S = S_n \subset S_{n-1} \subset S_{n-2} \subset \cdots \subset S_1 \subset S_0 = E$$
このとき $(S_{i-1}/S_i) \leq i$ であることが示されればよいわけであるが，S_{i-1} は S_i に x_i を付加して得られるので，S_i に係数をもち次数が高々 i の x_i の多項式をみつければよい．次がその多項式である．

$$F_i(t) = \frac{f(t)}{(t-x_{i+1})(t-x_{i+2})\cdots(t-x_n)}$$
$$= \frac{F_{i+1}(t)}{(t-x_{i+1})} \quad (1 \leq i \leq n-1),$$
$$F_n(t) = f(t)$$

事実，通常の割算の計算のようにして分子を分母で割ればわかるように，$F_i(t)$ は t の i 次の多項式で，最高次の係数は1であり，他の係数は $a_1, a_2, \cdots, a_n$ と $x_{i+1}, x_{i+2}, \cdots, x_n$ の整数を係数とする多項式である．しかも明らかに，x_i は $F_i(t)=0$ の根である． （証明終り）

以上の結果からさらに $(S_{i-1}/S_i)=i$ であり，ベクトル空間としての S_{i-1} は S_i 上 $1, x_i, x_i^2, \cdots, x_i^{i-1}$ によって生成されることがわかる．すると定理6の証明から，ベクトル空間としての E は S の上で次の $n!$ 個の要素によって生成されることがわかる．

($*$) 　　　$x_1^{\nu_1} x_2^{\nu_2} \cdots x_n^{\nu_n}$ 　（ここで $\nu_i \leq i-1$）

E の任意の要素は，S の要素を係数にして，これら $n!$ 個の要素の線形和として一意的に書き表わすことができる．

とくに "k の要素を係数とする $x_1, x_2, \cdots, x_n$ の多項式を S の要素を係数として表わすときは，その係数は $a_1, a_2, \cdots, a_n$ の多項式である" ことが次のようにして示され，これからいわゆる対称式の基本定理が導かれる．

対称式の基本定理　不変体 K の多項式 $g(x_1, x_2, \cdots, x_n) = g$ は $a_1, a_2, \cdots, a_n$ の多項式として書き表わされる．

証明 まず " " を用いてこの基本定理の証明を述べよう．$K=S$ であるから，上にあげた要素（*）によって g を表わすのに $\nu_1=\nu_2=\cdots=\nu_n=0$ の項の係数は g 自身にとり，この項以外の項の係数はすべて0にとるという方法がある．もし " " の部分が示されたならば，表わし方の一意性により，g は $a_1, a_2, \cdots, a_n$ の多項式であることがわかる．

ところで，" " の部分を証明するために，$g(x_1, x_2, \cdots, x_n)$ を k の要素を係数とする任意の多項式とする．$F_1(x_1)=0$ で，$F_1(t)$ の次数は1であるから，x_1 は a_i と $x_2, x_3, \cdots, x_n$ の多項式で表わされる．この結果を $g(x_1, x_2, \cdots, x_n)$ に代入する．次に $F_2(x_2)=0$ であるから，x_2^2 および x_2 のこれ以上の累乗は $x_2, x_3, \cdots, x_n$ と a_i の多項式で表わされ，その際，x_2 は高々1次である．さらに $F_3(x_3)=0$ であるから，x_3^3 および x_3 のこれ以上の累乗は $x_3, x_4, \cdots, x_n$ と a_i の多項式で表わされ，その際に x_3 は高々2次である．これらの結果を次々に $g(x_1, x_2, \cdots, x_n)$ に代入していくと，g は x_ν と a_ν の多項式として表わされていき，その際に x_i の次数が i より小である．よって $g(x_1, x_2, \cdots, x_n)$ は $n!$ 個の項（*）の線形和として表わされる．いまの場合これらの項の係数は a_i の多項式であり，表現の一意性から求める結果を得る．

(証明終り)

問題 7-1　(1) 本文中の例1の群において $\sigma_1, \sigma_4, \sigma_5$ は部分群

U をつくる．U の群表をつくれ．

(2) $J = \dfrac{x^3 + x^2 - 4x + 1}{x(x-1)}$ とおくと U の不変体は $k(J)$ であることを示せ．

問題 7-2 有理数体 Q 上の有理関数の体を $E = Q(x)$ とする．
$$\sigma : f(x) \to f(x+1)$$
とすると σ は E の自己同型写像．σ の生成する群の不変体を定めよ．

8. 正規拡大体

［概要］$\sigma_1, \sigma_2, \cdots, \sigma_n$ が群をつくるとき，不変体を K とすると $(E/K) = n$ を導き，これを用いてガロア理論の基本定理である"正規拡大体の中間体と自己同型群の部分群との間の一対一の対応"を扱う．

つづいて，E が K の正規拡大体であるための条件は E が K 内のある分離多項式の分解体となることを扱い，自己同型写像は，その根の対応によって定まることを導く．

最後にとりあげる $x^4 - 2$ の例は手頃で重要な例である．

定理 13 の系を述べた時点にたちもどろう．E を 1 つの体とし，$\sigma_1, \sigma_2, \cdots, \sigma_n$ を E の異なる自己同型写像とし，各 σ_i によって不変な要素の体を K とするとき $(E/K) \geqq n$ であることを証明した．σ_i が群をつくらないときは，ある 2 つの σ_i の積か，ある 1 つの σ_i の逆要素が E の新しい自己同型写像となる．その写像を σ_i に追加して考えたとき，体 K はそのままであり，$(E/K) \geqq n+1$ である．よってこの場合には，定理 13 の系において等号は成立しない．

われわれはここで，σ_i が1つの群 G をつくると仮定しよう．この場合には E の要素 α に対する関数
$$S(\alpha) = \sigma_1(\alpha) + \sigma_2(\alpha) + \cdots + \sigma_n(\alpha)$$
が重要な働きをする．$S(\alpha)$ を σ_i で写像すると次のようになる．
$$\sigma_i\sigma_1(\alpha) + \sigma_i\sigma_2(\alpha) + \cdots + \sigma_i\sigma_n(\alpha)$$
G は群であるから $\sigma_i\sigma_1, \sigma_i\sigma_2, \cdots, \sigma_i\sigma_n$ は $\sigma_1, \sigma_2, \cdots, \sigma_n$ をならべかえたものにほかならない．これは $S(\alpha)$ が任意の σ_i によって不変であり，よって K に属することを示している．関数 $S(\alpha)$ は α のトレース（跡）とよばれ，恒等的に0にはならない．もし恒等的に0ならば $\sigma_1, \sigma_2, \cdots, \sigma_n$ の線形独立性に反するからである．ここで次を証明しよう．

定理 14. $\sigma_1, \sigma_2, \cdots, \sigma_n$ が体 E の自己同型写像の群 G をつくるとき，K をそれに関する不変体とすれば $(E/K) = n$ である．

証明 定理13により，E の $n+1$ 個の要素 $\alpha_1, \alpha_2, \cdots, \alpha_{n+1}$ はつねに K 上線形従属であることを示せば十分である．そのために次の E 内の線形同次連立方程式を考える．
$$x_1\sigma_1^{-1}(\alpha_1) + x_2\sigma_1^{-1}(\alpha_2) + \cdots + x_{n+1}\sigma_1^{-1}(\alpha_{n+1}) = 0$$
$$x_1\sigma_2^{-1}(\alpha_1) + x_2\sigma_2^{-1}(\alpha_2) + \cdots + x_{n+1}\sigma_2^{-1}(\alpha_{n+1}) = 0$$
$$\cdots\cdots\cdots\cdots\cdots\cdots\cdots\cdots\cdots$$
$$x_1\sigma_n^{-1}(\alpha_1) + x_2\sigma_n^{-1}(\alpha_2) + \cdots + x_{n+1}\sigma_n^{-1}(\alpha_{n+1}) = 0$$
この連立方程式は，未知数の個数が方程式の個数よりも

大であるから非自明解をもつ．たとえば $x_1 \neq 0$ としよう．この連立方程式の解に E の任意の要素をかけてもやはり解となるので，x_1 はそのトレースが 0 でないような E の要素であるとしてよい．ここで，この連立方程式の i 番目の式に σ_i を施すと

$$\sigma_i(x_1)\alpha_1 + \sigma_i(x_2)\alpha_2 + \cdots + \sigma_i(x_{n+1})\alpha_{n+1} = 0$$

が得られる．これらを i について加えると次の結果となる．

$$S(x_1)\alpha_1 + S(x_2)\alpha_2 + \cdots + S(x_{n+1})\alpha_{n+1} = 0$$

$S(x_\nu)$ はすべて K に属し，とくに $S(x_1) \neq 0$ であるから，これが $\alpha_1, \alpha_2, \cdots, \alpha_{n+1}$ の線形従属性を示していることになる．

系 1. 定理 14 と同じ条件のもとで，体 K を不変にする E の自己同型写像 σ は G に属する．

証明 もし σ がどの σ_i とも異なるとすれば，G に σ を追加して考える．このとき不変体 K はそのままであり，定理 13 により $(E/K) \geq n+1$ となる．これは定理 14 に矛盾する． （証明終り）

よって，さらに次の結果を得る．

系 2. E の自己同型写像のつくる異なる有限群は異なる不変体をもつ．

定義 体 K の拡大体 E があり，K が E の自己同型写像のつくるある有限群 G の不変体になっているとき，E

は K の**正規拡大体**であるといい,G を E の K 上の**自己同型群**という.

$f(x)$ が K 内の多項式で,その既約因子がすべて重根をもたないとき,$f(x)$ は**分離的**であるとよばれる.E を K の拡大体とするとき,K 内のある分離的な多項式の根であるような E の要素 α は**分離的**であるとよばれる.E の要素がすべて分離的のとき,E は K の**分離拡大体**であるとよばれる.

定理 15. E を K の正規拡大体でその自己同型群を G とする.すると E は K の分離拡大体である.E の要素 α に G の n 個の要素を施した像のうちの異なるものを $\alpha_1, \alpha_2, \cdots, \alpha_r$ とするとき,多項式
$$p(x) = (x - \alpha_1)(x - \alpha_2) \cdots (x - \alpha_r)$$
は α を根にもつ K 内の既約多項式である.

証明 G の n 個の要素に σ_i をかけると,ふたたび G の要素全体となる.よって
$$\sigma_i(\alpha_1), \quad \sigma_i(\alpha_2), \quad \cdots, \quad \sigma_i(\alpha_r)$$
は $\alpha_1, \alpha_2, \cdots, \alpha_r$ の 1 つの順列にすぎない.よって多項式 $p(x)$ の係数は σ_i で不変である.ゆえに $p(x)$ は K 内の多項式であり,$p(x)$ は明らかに分離的である.α 自身 α の像の 1 つであるから,$p(x)$ は α を根にもつ.$f(x)$ を $f(\alpha) = 0$ のような K 内の多項式とすると,$\sigma_i(f(\alpha)) = 0$ であるから $f(\sigma_i(\alpha)) = 0$ となる.よって $f(x)$ は $\alpha_1, \alpha_2, \cdots, \alpha_r$ を根にもち,したがって $p(x)$ で割りきれる.これ

は $p(x)$ の既約性を示し，定理は完全に証明されたことになる．
(証明終り)

系 E を K の正規拡大体とし，K 内の既約多項式 $p(x)$ が E 内に根 α をもつとする．すると $p(x)$ は E 内で1次因子のみに分解される．

証明 α の既約多項式の一意性により，$p(x)$ は定理15でつくった多項式にほかならない．定理15でつくった多項式は，E 内で一次因子のみに分解されている．
(証明終り)

定理 16. E を K の正規拡大体とし，その自己同型群を G とする．B を1つの中間体とする．体 B を不変にするような G の要素の全体を U とすると，E は B の正規拡大体であり，U がその自己同型群である．

証明 群 U の位数を r とし，U の不変体を B' とする．すると $B \subset B'$ であり，$(E/B')=r$ であるから $B=B'$ を示すには，$(E/B)=r$ を示せば十分である．G の要素 σ_i を B に施すと，B は E の中へ同型に写像される．この際，異なる自己同型写像が B 上では同じ写像を引き起こすことはありうる．いま，B の任意の要素 β に対して $\sigma_i(\beta)=\sigma_j(\beta)$ であるとすると，この式は $\sigma_i^{-1}\sigma_j(\beta)=\beta$ と同値であり，したがって $\sigma_i^{-1}\sigma_j$ が U に属することと同値であり，さらにそれは σ_j が類 $\sigma_i U$ に属するということである．よって同一の剰余類 $\sigma_i U$ に属する自己同型写

像が，体 B に同じ同型写像を引き起こす．$n=rs$ とすると，s が剰余類の個数であるから，G の要素を B に限定すると，B から E 内へのちょうど s 個の異なる同型写像が引き起こされる．この s 個の異なる写像の不変体は明らかに K であり，定理 13 によって $(B/K) \geqq s$ でなければならない．ここで 2 つの不等式

$$(E/B) \geqq r, \qquad (B/K) \geqq s$$

から積をつくれば $(E/K) \geqq n$ となる．ところが最後の不等式は等号とならねばならないので，前の 2 つの不等式も等号をとらねばならない．よって

$$(E/B) = r, \qquad (B/K) = s$$

であり，これで定理が完全に証明されたことになる．

(証明終り)

この証明から，K 上 s 次の中間体 B には G の要素から引き起こされる E 内への同型写像が s 個存在することがわかる．また E のどのような拡大体内で考えても，このほかには K の要素を不変にするような B からその拡大体内への同型写像は存在しないこともわかる．もしそうでないとすると，その同型写像をいままでの s 個の同型写像に追加すると，B からその拡大体内への $s+1$ 個の同型写像が得られ，不変体は K であり，定理 13 によって $(B/K) \geqq s+1$ となってしまうからである．

すでに扱っているように，G の各部分群 U には 1 つの中間体 B が対応する．すなわち U の不変体である．定理 14 の系 2 により，異なる部分群には異なる中間体が対応

する．そして最後に定理16で示したように，各中間体はGのある部分群Uの不変体である．よってこの対応は，部分群の集合から中間体の集合の上への一対一の写像である．

U_1, U_2を部分群とし，不変体をそれぞれB_1, B_2とするとき，もし$U_1 \subset U_2$ならば明らかに$B_1 \supset B_2$である．$B_1 \supset B_2$ならば，B_1を不変にする自己同型写像はB_2を不変にするので$U_1 \subset U_2$であることがわかる．すなわち，われわれの対応は包含関係を逆にするものである．またこの対応によって，群Gには体Kが対応し，単位群には体Eが対応している．

次にBを部分群Uに対応する中間体とし，σをGの要素とする．σを施したときのBの像$\sigma(B)$も中間体の1つである．この$\sigma(B)$に対応する群をしらべよう．$\sigma(B)$の要素は，Bの要素βを用いて$\sigma(\beta)$のように表わされる．すべての$\sigma(\beta)$を不変にする，すなわち$\tau\sigma(\beta) = \sigma(\beta)$となる$G$の要素$\tau$を考える．この等式は
$$\sigma^{-1}\tau\sigma(\beta) = \beta$$
と同値であるから，$\sigma^{-1}\tau\sigma$がUに属する．これはτ自身は$\sigma U \sigma^{-1}$に属することを意味しているので，$\sigma U \sigma^{-1}$が$\sigma(B)$に対応する部分群であることがわかる．

さらにまた，どんな条件のもとでBがKの正規拡大体となるかを決めることができる．$(B/K) = s$のときいま上でみたように，Eの拡大体の中でKを不変にするBの同型写像はs個存在するのみであり，このような同型

写像はすべて G の要素によって引き起こされる．ここで B が K 上の正規拡大体であるのは B に s 個の自己同型写像が存在する場合なので，上で述べた同型写像がすべて B の自己同型写像のときである．これは G の任意の要素 σ に対して $\sigma(B) = B$ となる場合であり，上で得たことから $\sigma U \sigma^{-1} = U$ を意味している．このような部分群を G の**正規部分群**という．よって B が K の正規拡大体であるのは，ちょうど U が G の正規部分群となっている場合である．

いま中間体 B は K の正規拡大体で，U が G の正規部分群であるとする．K を不変にする B の任意の自己同型写像は，G のある要素 σ を B 上に制限して得られたものである．ところが，B 上に制限したとき σ と同じ自己同型写像を引き起こすのは剰余類 σU に属する自己同型写像なので，剰余類 σU と B の自己同型写像との対応は一対一の対応である．σU と τU をそのような 2 つの剰余類とすると，これらにはそれぞれ σ と τ を B 上に制限した B の自己同型写像が対応する．この 2 つの自己同型写像の積は，$\sigma\tau$ によって引き起こされる自己同型写像である．$\sigma\tau$ は $\sigma\tau U$ に含まれ，U は正規部分群なので $\sigma\tau U$ は σU と τU の積である．すなわち B の自己同型写像の演算は，剰余類の演算に対応して行なわれることがわかった．正規部分群 U による剰余類の群が，よく知られているように**商群** G/U と名づけられている群である．以上のような意味で，K 上の正規拡大体 B は自己同型写像の群

G/U をもつことがわかった．

以上をまとめて：

定理17. (基本定理) E を K の正規拡大体とし，その自己同型群を G とする．G の各部分群 U にその不変体 B を対応させると，部分群と中間体の間の一対一の対応が得られる．この対応は包含関係を逆にする．与えられた中間体 B に対して，これに対応する部分群は，B を不変にする G の要素から構成される．さらに

$(E/B) = U$ の位数,

$(B/K) = G$ における U の指数 = 剰余類の個数

である．E の拡大体の中で考えたとき，K を不変にする B の任意の同型写像は G の要素 σ を B に制限することによって得られ，剰余類 σU の要素は B 上に同じ自己同型写像を引き起こす．さらに B が K の正規拡大体であるための条件は，U が G の正規部分群であることであり，その自己同型群は商群 G/U である．

ここで E が K の正規拡大体となるための判定条件が必要である．それを次の形に述べよう．

定理18. E が K の正規拡大体であるための条件は，E が K 内のある分離多項式の分解体となっていることである．

証明 1. E を K の正規拡大体とし，K 上のベクトル空間としての E の K 上の生成系を $\omega_1, \omega_2, \cdots, \omega_n$ とする．

$p_i(x)$ を ω_i を根にもつ K 上の既約多項式とする．すでに示したように，$p_i(x)$ は分離的であり，E において 1 次因子に分解する．
$$p(x) = p_1(x)p_2(x)\cdots p_n(x)$$
とおくと $p(x)$ は分離的であり，E 内で 1 次因子のみに分解する．$p(x)$ の根の中に ω_i はすべて含まれるので，$p(x)$ の分解体はちょうど E である．

2. $p(x)$ を K 内の分離多項式とし，E をその分解体とする．K を不変にする E の自己同型全体のつくる群を G とする．(E/K) は有限であるから，定理 13 の系により G は有限群である．G のすべての要素によって不変な E の要素 θ が K に属することをいえば，K が G の不変体となり，E は K の正規拡大体となる．

$p(x)$ の根がすべて K に含まれているならば $E=K$ であり，結論は明らかである．そこで，$p(x)$ の根のうちちょうど n 個のものは K に含まれていないとする．ここで $n \geqq 1$．さらに $p(x)$ の根のうち K に含まれないものの個数が n より小の場合には定理が証明されているとする．α_1 を K に含まれない $p(x)$ の根とし，$p_1(x)$ を $p_1(\alpha_1)=0$ のような K 内の既約多項式とする．$p_1(x)$ は $p(x)$ の約数であり，$p(x)$ は分離的であるから $p_1(x)$ は重根をもたない．ここで基礎体を $K(\alpha_1)$ にして考える．すると $p(x)$ はこの体の上の分離多項式であり，E はその分解体である．$p(x)$ の根のうち，$K(\alpha_1)$ に含まれないものの個数は n より小さい．よって帰納法によって，E は

$K(\alpha_1)$ 上の正規拡大体である．$K(\alpha_1)$ を不変にする E の自己同型写像の群 U は $K(\alpha_1)$ を不変体にもち，G の部分群である．ここで θ が G のすべての要素で不変であるとすると，θ は U に属するすべての自己同型写像によって不変であるから $K(\alpha_1)$ に属する．いま $p_1(x)$ の次数を s とすると，θ は次の形に表わされる．

(**) $\qquad \theta = c_0 + c_1\alpha_1 + c_2\alpha_1^2 + \cdots + c_{s-1}\alpha_1^{s-1}$

ここに c_i は K 内にある．

ところで $p_1(x)$ は重根をもたない．$p_1(x)$ の根を $\alpha_1, \alpha_2, \cdots, \alpha_s$ で表わそう．すると定理8によって，K を不変にし，α_1 を α_i に写す $K(\alpha_1)$ から $K(\alpha_i)$ への同型写像 σ_i が存在する．σ_i は $p(x)$ を $p(x)$ に写す．体 E は $p(x)$ の $K(\alpha_1)$ 上の分解体であるとともに，$p(x)$ の $K(\alpha_i)$ 上の分解体でもある．定理10によって σ_i を E から E 上への同型写像，すなわち G の要素 τ_i へ延長することができる．θ はこの τ_i によって不変のはずである．(**) に τ_i を作用させると次の結果が得られる．

$$\theta = c_0 + c_1\alpha_i + c_2\alpha_i^2 + \cdots + c_{s-1}\alpha_i^{s-1}$$

すると多項式

$\qquad c_{s-1}x^{s-1} + c_{s-2}x^{s-2} + \cdots + c_1 x + (c_0 - \theta) = 0$

は s 個の異なる根 $\alpha_1, \alpha_2, \cdots, \alpha_s$ をもつ．次数よりも多い個数の根をもつことになるので，すべての係数，とくに定数項は 0 でなければならない．よって $\theta = c_0$，すなわち θ は K の要素である． (証明終り)

最後に自己同型写像の計算についての1つの注意を与

えよう．K の正規拡大体が，具体的に生成要素で次のように表わされたとする．
$$E = K(\alpha_1, \alpha_2, \cdots, \alpha_r)$$
すると任意の要素 θ は，K 内の係数を用いて $\alpha_1, \alpha_2, \cdots, \alpha_r$ の有理式で表わされる．E の生成要素 α_i に対する G の要素 σ の作用がわかれば，σ の θ に対する作用がわかる．よって σ はすべての $\sigma(\alpha_i)$ を与えることによって確定する．α_i に対して $f(\alpha_i)=0$ となる K 内の多項式 $f(x)$ がわかれば，σ を作用させて
$$f(\sigma(\alpha_i)) = 0$$
となるので，$\sigma(\alpha_i)$ は $f(x)$ の根でなければならない．E が分離的なある多項式の分解体であり，$\alpha_1, \alpha_2, \cdots, \alpha_n$ がこの多項式の根ならば α_i を E の生成系としてとることができて，σ は根の間の1つの置換を定める．具体的には述べなかったが，ともかくこのようにして G は1つの置換群とみなすことができるのである．

以上のことを1つの例によって具体的に述べよう．ただし詳細は読者におまかせする．K を有理数体とし，E を多項式 x^4-2 の分解体とする．x^4-2 は複素数体において
$$\sqrt[4]{2}, \quad -\sqrt[4]{2}, \quad i\sqrt[4]{2}, \quad -i\sqrt[4]{2}$$
を根にもつが，分解体をつくるときはこれらの根を用いなくともよいのである．E は $\sqrt[4]{2}$ と i を含んでいて，この2要素による E の生成が実用的である．x^4-2 は K において既約であり，したがって

$(K(\sqrt[4]{2})/K) = 4.$

$K(\sqrt[4]{2})$ は実数しか含まないので, x^2+1 は $K(\sqrt[4]{2})$ において既約であり, よって $(E/K)=8$ である. 分離多項式の分解体ということで E は正規拡大であり, よってちょうど 8 個の自己同型写像をもつ. $\sqrt[4]{2}$ の像としては 4 つの可能性があり, i の像には 2 つの可能性がある. よってこの場合には $\sqrt[4]{2}$ と i の像についての 8 通りの組合せ全部が, 実際に自己同型写像を定めることがわかる. いま $\sqrt[4]{2}$ を $i\sqrt[4]{2}$ に写像し, i を固定する自己同型写像を σ とし, $\sqrt[4]{2}$ を固定し, i を $-i$ に写像する自己同型写像を τ とする. 簡単な計算で 8 個の自己同型写像が次のようになることが示される.

$$1, \quad \sigma, \quad \sigma^2, \quad \sigma^3, \quad \tau, \quad \sigma\tau, \quad \sigma^2\tau, \quad \sigma^3\tau$$

(ここに 1 は恒等写像を意味する.) さらに

$$\sigma^4 = 1, \quad \tau^2 = 1, \quad \tau\sigma\tau^{-1} = \sigma^{-1}$$

がなりたつ. この群は, 3 次元空間における正方形の回転群に同型である. K 上のベクトル空間として E は次の要素で生成される.

(***) $\qquad 1, \quad \sqrt[4]{2}, \quad (\sqrt[4]{2})^2, \quad (\sqrt[4]{2})^3,$
$\qquad\qquad i, \quad i\sqrt[4]{2}, \quad i(\sqrt[4]{2})^2, \quad i(\sqrt[4]{2})^3$

G のすべての部分群を決定し, その各部分群に対応する中間体をつくるのは, よい練習問題である. このとき部分群 U に属する中間体は, たとえば次のように定めればよい. まず, E の要素 θ を K 内の未定係数で (***) の線形和として表わし, 次に U の各要素 λ に対して $\lambda(\theta)$

を計算し，U のすべての λ に対して $\lambda(\theta)=\theta$ となるための条件を求めるのである．

問題 8-1 Q を有理数体とするとき，次の体の自己同型写像を求めよ．
  (1) $Q(\sqrt{2})$ (2) $Q(\sqrt[3]{2})$

問題 8-2 $Q(\sqrt{2},\sqrt{3})$ は Q の正規拡大体であることを示し，次にその自己同型群を定めよ．

問題 8-3 Q 上 x^3-2 の分解体は $Q(\sqrt[3]{2},\omega)$ であることを示し，次にその自己同型群を定めよ．ただし $\omega=e^{\frac{2\pi i}{3}}$ とする．

問題 8-4 本文中で扱った x^4-2 の分解体 E の自己同型群において，3つの部分群

$U_1=\{1,\sigma\tau\}, \quad U_2=\{1,\sigma^2\}, \quad V=\{1,\sigma^2,\sigma\tau,\sigma^3\tau\}$

を考えるとき，これらの不変体は次のようになることを示せ．

$B_1=Q((1+i)\sqrt[4]{2}), \quad B_2=Q((1-i)\sqrt{2}), \quad C=Q(i\sqrt{2})$

問題 8-5 K の正規拡大体 E の自己同型群を G とする．2つの中間体 B_1,B_2 に対して，B_1,B_2 を含む最小の体を B_1B_2 とし，共通部分を $B_1\cap B_2$ とする．B_1,B_2 に対応する部分群を U_1,U_2 とするとき，次を示せ．

  (1) B_1B_2 には $U_1\cap U_2$ が対応する．

  (2) $B_1\cap B_2$ には U_1,U_2 を含む最小の部分群 W が対応する．

問題 8-6 (1) K の標数が2でないとき，K 上2次の拡大体 E は K の正規拡大体であることを証明せよ．

  (2) $(E/K)=3$ のときは，E は K の正規拡大体であるとは限らない．例をあげよ．

問題 8-7 次のことは正しいか．正しいときは理由を述べ，正しくないときは例をあげよ．

(1) E を K 上の正規拡大体とし, B_1, B_2 を中間体とする. B_1, B_2 がともに K 上の正規拡大体ならば, B_1, B_2 を含む最小の体 $B_1 B_2$ も K 上の正規拡大体である.

(2) B_1 が K の正規拡大体で, B_2 が B_1 の正規拡大体ならば, B_2 は K の正規拡大体である.

問題 8-8 E を K 上の正規拡大体とし, B を中間体とする. B の E 内への相異なる同型写像を $\bar{\tau}_1, \bar{\tau}_2, \cdots, \bar{\tau}_m$ とする. $\theta \in B$ に対して

$$S(\theta) = \bar{\tau}_1(\theta) + \bar{\tau}_2(\theta) + \cdots + \bar{\tau}_m(\theta)$$
$$N(\theta) = \bar{\tau}_1(\theta) \bar{\tau}_2(\theta) \cdots \bar{\tau}_m(\theta)$$

とすると $S(\theta), N(\theta)$ は K の要素であることを示せ. 一般に

$$f(x) = (x - \bar{\tau}_1(\theta))(x - \bar{\tau}_2(\theta)) \cdots (x - \bar{\tau}_m(\theta))$$

とおくと $f(x)$ は θ を根にもつ K 内の多項式であることを示せ.

9. 代数的分離拡大体

[概要] はじめに代数的拡大体, 分離拡大体の基本性質を述べ, 有限次の分離拡大体が単純拡大体であることを導く. これには, すでに得ている中間体と部分群との間に一対一の対応が存在することを用いて, 中間体が有限個であることが単純拡大体であるための条件であることを導き, それを用いるのである. ただし有限体の場合は 10 節で扱うことになる.

体 K の拡大体 E が代数的であるとは, E の任意の要素が K 上代数的であることをいう. このとき:

定理 19. (E/K) が有限ならば, E は K の代数的拡大体である.

証明 $(E/K)=n$ とし，α を E の要素とする．すると $n+1$ 個の要素 $1, \alpha, \alpha^2, \cdots, \alpha^n$ は K 上線形従属であり，その線形従属を示す式は K 内に係数をもつ α の方程式である． (証明終り)

さて E を K の拡大体で，K に有限個の代数的要素 $\alpha_1, \alpha_2, \cdots, \alpha_r$ を付加して得られるものとする．体の鎖
$K \subset K(\alpha_1) \subset K(\alpha_1, \alpha_2) \subset \cdots \subset K(\alpha_1, \alpha_2, \cdots, \alpha_r) = E$
を考えたとき，各体はその1つ前の体に関して有限次であるから，(E/K) も有限次である．よって E は K 上代数的である．E が K に無限個の代数的な要素を付加して得られたときでも，要素を任意に1つとり出したとき，その要素は K に有限個の代数的要素を付加した部分体に含まれているので，K 上代数的である．よって次の結果を得る．

定理20. K に代数的な要素を付加して得られる拡大体は，代数的拡大体である．

さらに次の結果を得る．

定理21. $K \subset E_1 \subset E_2$ で，E_1 は K の代数的拡大体，E_2 は E_1 の代数的拡大体とする．すると E_2 は K の代数的拡大体である．

証明 α を E_2 の要素とする．仮定により α は E_1 内のある代数方程式を満足する．その係数を $\alpha_1, \alpha_2, \cdots, \alpha_\nu$ とする．すると α は体 $E' = K(\alpha_1, \alpha_2, \cdots, \alpha_\nu)$ 上で代数的

である.よって体 $E'(\alpha)$ は E' 上有限次であり,E' は K 上有限次である.したがって $(E'(\alpha)/K)$ は有限次であり,α は K 上代数的である. (証明終り)

いま $E = K(\alpha_1, \alpha_2, \cdots, \alpha_r)$ とし,各 α_i は K 上分離的とする.すると α_i を根にもつ K 内の既約多項式 $p_i(x)$ は重根をもたない.いま $f(x) = p_1(x)p_2(x)\cdots p_r(x)$ とおき,$f(x)$ の E 上の分解体を E' で表わす.すると E' は K 上 $f(x)$ の分解体であり,E を中間体として含む.定理18により E' は K の正規拡大体であるから,定理15により E' は K の分離拡大体であり,したがって E もまた K の分離拡大体である.K の正規拡大体 E' の中間体の個数は,自己同型群の部分群の個数に等しいので,その個数は有限個である.ゆえに K と E の中間体も有限個しか存在しない.以上をまとめて次の結果を得る.

定理 22. $E = K(\alpha_1, \alpha_2, \cdots, \alpha_r)$ とし,α_i はすべて K 上分離的とする.すると E は K の分離拡大体であり,K と E の間に中間体は有限個しか存在しない.E を K 上の正規拡大体 E' に拡大することができる.

補題 体 K から体 K' の上への同型写像を σ,$p(x)$ を重根をもたない K 内の多項式,$p'(x)$ をその σ による像とする.すると $p'(x)$ もまた重根をもたない.

証明 E を K 上 $p(x)$ の分解体とし,E' を K' 上 $p'(x)$ の分解体とする.定理10により,σ は E から E' の上へ

の同型写像 τ に延長される．$p(x)$ を E 内の1次因子に分解しておき，そこへ τ を作用させると，$p'(x)$ の E' における相異なる1次因子への分解が得られる． (証明終り)

定理 23. $K \subset E_1 \subset E_2$ で E_1 は K 上，E_2 は E_1 上いずれも分離的かつ有限次であるとする．すると E_2 は K 上分離的である．

証明 α を E_2 の要素とし，$p(x)$ を α を根にもつ E_1 内の既約多項式とする．仮定により $p(x)$ は重根をもたない．E_1 を拡大して K 上の正規拡大体 E をつくり，その自己同型群を G とする．$p(x)$ の E 内における既約因子を $p_1(x), p_2(x), \cdots, p_r(x)$ とする．これらは互いに異なり，いずれも重根をもたない．これらの多項式に G のすべての要素を作用させてみる．そうして得られた多項式のうちの異なるものを $q_1(x), q_2(x), \cdots, q_s(x)$ とする．すると各 $q_i(x)$ はどれかの $p_j(x)$ の像であり，補題によって各 $q_i(x)$ は重根をもたない．与えられた根に対して，それを根にもつ既約多項式は一意に決っているので，どの2つの $q_i(x)$ も共通根をもたない．さらに G の要素 σ による $q_i(x)$ の像は互いに異なり，しかも G が群であることによって，これもまたある $p_j(x)$ の像である．すなわち σ によって $q_1(x), q_2(x), \cdots, q_s(x)$ はならべかえられるだけである．そこでいま
$$f(x) = q_1(x) q_2(x) \cdots q_s(x)$$
とおくと，$f(x)$ は G によって不変な係数，したがって

K 内の係数をもつ多項式である. $f(x)$ は重根をもたず, しかも各 $p_i(x)$ は $q_j(x)$ のどれかに等しいので, $f(x)$ は $p(x)$ で割りきれる. よって $f(\alpha)=0$ であり, これは α が K 上分離的であることを示している. (証明終り)

次に, ただ 1 つの代数的要素 α を付加すると, どのような拡大体が得られるかについてしらべることにしよう. そのような拡大体を**単純拡大体**とよび, α を**原始要素**という. これについて次を証明しよう.

定理 24. K の有限次の拡大体 E が単純拡大体であるための必要十分条件は, 中間体が有限個しか存在しないことである.

証明 1. $E=K(\alpha)$ を単純拡大体とし, $p(x)$ を α の K 内の既約多項式で最高次の係数が 1 のものとする. B を中間体とし, $p_1(x)$ を α の B 内の既約多項式で最高次の係数が 1 のものとする. すると $p_1(x)$ は $p(x)$ の約数であるから, $p_1(x)$ のとり方は有限個である. また, K に $p_1(x)$ の係数をすべて付加した体を B_0 とする. すると $B_0 \subset B$ であり, もし $B_0=B$ が示されたならば, B のとり方は有限個しかあり得ないことがわかる. そしてそれには $(E/B) \geq (E/B_0)$ が示されればよい. ところが $p_1(x)$ は B_0 内の多項式で, α を根にもつ. そして $E=B_0(\alpha)=B(\alpha)$ であるから, (E/B_0) は高々 $p_1(x)$ の次数に等しく, 一方 (E/B) はちょうど $p_1(x)$ の次数に等しい. よって求める結果である.

2. E を K の有限次拡大体で,中間体が有限個しか存在しないものとする.ここでまず K が無限個の要素を含む場合について考える.α, β を E 内の 2 要素とする.K 内の任意の要素 c に対して $\gamma_c = \alpha + c\beta$ とし,単純拡大体 $K_c = K(\gamma_c)$ をつくる.K_c はすべて中間体である.ところが中間体は有限個しか存在しない反面,c のとり方は無数にあるので,$c \neq d$ かつ $K_c = K_d$ のような c, d が存在する.γ_c も γ_d も K_c に含まれるので,その差 $(c-d)\beta$ もまた K_c に含まれる.よって β は K_c に含まれ,したがってまた α も K_c に含まれて

$$K(\alpha, \beta) \subset K_c$$

となる.すなわち E 内の 2 つの要素を K に付加することは,1 つの要素を付加することですまされる.E は K に有限個の要素(たとえば K 上のベクトル空間 E としての生成系)を付加して得られるので,E は K の単純拡大体であることがわかる.

3. K が有限個の要素しか含まず,E がその有限次の拡大体ならば,E もまた有限個の要素しか含まない.この場合の証明は,次の節で扱うことにしよう. (証明終り)

系 E を K 上有限次の分離拡大体とすれば,E は単純拡大体である.

証明 定理 22 によって,中間体が有限個しか存在しないからである. (証明終り)

ここで体の基本的な性質にふれておく.まず,そのため

の体の2つの例からはじめよう．1つの例は有理数の全体であり，これを Q で表わす．もう1つの例は数論の基礎理論において扱われる次の体 Q_p である．

 p を1つの素数とする．すると整数を p を法として p 個の剰余類に分けることができる．これら剰余類の間の和と積は，類の代表の和と積によって定められる．これら p 個の剰余類の全体を Q_p で表わすと，Q_p はこの演算のもとで，1つの体であることがわかる．これは a が p で割りきれないとき，合同式 $ax \equiv b \pmod{p}$ が一意に解けることから導かれる．

 いま K を任意の体とし，その加法群を考える．乗法群における要素の累乗 a^n に当るのが加法群における na である．要素の位数，すなわち $a^n = 1$ となる最小正の整数 n（それが存在した場合のことであるが）に当るのが，いまの場合は $na = 0$ となる最小正の整数 n である．まず K の0でない要素はすべて同一の加法位数をもつ．何となれば，いま0でない a に対して $na = 0$ とすると任意の b に対して

$$na \cdot a^{-1} b = 0$$

であり，したがって $nb = 0$ となるからである．次に K の0でない要素がすべて有限位数 p をもてば，p は素数でなければならない．仮にもし $p = rs$ で $r < p, s < p$ とし，$sa \neq 0$ とすると sa は p より小さい位数 r をもたねばならないことになるからである．この場合に，K は標数 p の体であるといわれる．K の0でない要素が有限位数をも

たない場合には，K は標数 0 の体であるといわれる．こう定めておくと次のことが標数に関係なく正しいことがわかる．

"n を整数とし，a を K の要素とするとき，$na=0$ であるための条件は，$a=0$ または n が標数の倍数であることである．"

K の単位要素を数 1 と区別するために，これをしばらく e で表わすことにする．K を標数 $p>0$ の体とする．e は加法位数 p をもつので，e の倍数である K の要素のうち異なるものは p 個であり，$ne=me$ であるための条件は，n と m が p を法とする同じ剰余類に属することである．よって e の倍数は，p を法とする剰余類と一対一に対応づけられる．倍数 ne と me の和 $ne+me=(n+m)e$ と積 $ne\cdot me=nme^2=nme$ には，対応する剰余類のそれぞれの和と積が対応する．よって e の倍数は Q_p に同型な体をつくる．そこで普通は ne のかわりに n とだけ書き，その際に n は p を法として読みとることにし，しかも，e の倍数は体 Q_p をつくるということにする．このような意味で Q_p は K の部分体である．K の任意の部分体は e とその倍数を含まねばならないので，Q_p は K の最小の部分体である．

ひきつづいて K は，標数 $p>0$ の体とする．$1\leq i\leq p-1$ のような i に対して，2項係数

$$\binom{p}{i}=\frac{p!}{i!(p-i)!}$$

の分母はpで割りきれないが分子はpで割りきれるので, これはpで割りきれる整数である. Kの要素a,bに対して$(a+b)^p$を2項展開すると, 中間項

$$\binom{p}{i} a^i b^{p-i}$$

は消えてしまい, 次の結果を得る.

$$(a+b)^p = a^p + b^p$$

さらに,

$$(a-b)^p = a^p - b^p$$

であり, $a^p = b^p$ならば$a=b$である. これに加えて

$$(ab)^p = a^p b^p$$

であるから, 各要素をそのp乗に対応させるKのK自身への写像は同型写像である.

とくにKが有限個の要素しか含まないときは (写像が一対一であることからわかるように), この写像はKからKの上への同型写像である. このような場合は, Kの自己同型写像が得られたことになる.

次にKが標数0をもつとする. 今度はeの倍数neはすべて互いに異なる. Kは体であるから, Kはまた$m \neq 0$のときの商 $\dfrac{ne}{me}$ をすべて含む.

$$\frac{ne}{me} = \frac{n'e}{m'e}$$

は$nm'e = mn'e$と同値であり, したがって$nm' = mn'$, すなわち $\dfrac{n}{m} = \dfrac{n'}{m'}$ に同値である. よって有理数 $\dfrac{n}{m}$ に商 $\dfrac{ne}{me}$ を対応させるのは, 有理数の全体とこのような商の

形をした要素の全体の間の一対一の対応である．このとき有理数の和と積には，対応する商の和と積が対応することも容易に確かめられる．よってわれわれの対応は，有理数体 Q から商 $\dfrac{ne}{me}$ の集合の上への同型写像を与える．標数が $p>0$ のときと同様に，ここでも普通には $\dfrac{ne}{me}$ を有理数 $\dfrac{n}{m}$ と同じものとみなす．すると Q は K の最小の部分体である．

導関数 $f=f(x)=a_0+a_1x+\cdots+a_nx^n$ を体 K 内の多項式とするとき，
$$f'=a_1+2a_2x+\cdots+na_nx^{n-1}$$
と定義する．

すると任意の2つの多項式 f,g に対して，次のことが容易に証明される．
$$(f+g)'=f'+g'$$
$$(fg)'=fg'+f'g$$
$$(f^n)'=nf^{n-1}f'$$

定理 25. K 内の多項式 f が重根をもつための必要十分な条件は，その分解体 E において多項式 f と f' とが共通根をもつことである．この条件はまた，f と f' が体 K において1以上の次数をもつ共通因数をもつことと同値である．

証明 $f(x)$ の根 α の重複度が k であるとすると
$$f=(x-\alpha)^kQ(x), \ ただし\ Q(\alpha)\neq 0$$
すると

$$f' = (x-\alpha)^k Q'(x) + k(x-\alpha)^{k-1} Q(x)$$
$$= (x-\alpha)^{k-1}\{(x-\alpha)Q'(x) + kQ(x)\}$$

$k>1$ ならば α は f' の根であり，重複度は少なくとも $k-1$ である．$k=1$ とすると $f'(x) = Q(x) + (x-\alpha)Q'(x)$ であり $f'(\alpha) = Q(\alpha) \neq 0$．よって f と f' が α を共通根にもつための必要十分条件は，重複度が少なくとも 2 であることである．

f と f' が α を共通根にもつならば，α を根にもつ K 内の既約多項式は f の約数であるだけでなく，f' の約数でもある．逆に f と f' の共通な因数の任意の根は，f だけでなく f' の根でもある． (証明終り)

系 1. K 内の既約多項式 $f(x)$ が重根をもたないための必要十分条件は，$f'(x)$ が零多項式でないことである．

証明 $f'(x)$ が零多項式でないときは，$f'(x)$ は $f(x)$ より低い次数をもつ．$f(x)$ と $f'(x)$ の共通因数は $f(x)$ よりも低次数である．$f(x)$ は既約であるから，$f(x)$ のそのような因数は定数しかあり得ない．よって $f(x)$ は重根をもたない．これに対して $f'(x)$ が零多項式のときは，$f(x)$ と $f'(x)$ の共通因数は $f(x)$ 自身であり，よって $f(x)$ は重根をもつ． (証明終り)

系 2. 標数が 0 のときは，任意の多項式は分離的である．

証明 この場合には，導関数が 0 のような多項式は定

数多項式だけである．よって任意の既約多項式は単純根しかもたない． (証明終り)

注意 K が標数 $p>0$ のときは，たとえば x^p のように，導関数が 0 となる定数でない多項式が存在する．

問題 9-1 導関数の定義に従って次を証明せよ．
(1) $(f+g)'=f'+g'$ (2) $(fg)'=fg'+f'g$

問題 9-2 定理 23 で"有限次"の仮定をとり去っても，結果のなりたつことを示せ．

問題 9-3 (1) a,n が互いに素な整数のとき $ax+ny=1$ となる整数 x,y が存在することを示せ．

(2) a,b を整数とする．a が素数 p で割りきれないとき，$ax \equiv b \pmod{p}$ となる整数 x が存在し，p を法としてただ 1 つであることを示せ．

問題 9-4 n を 1 つの自然数とする．標数 $p\,(>0)$ の体 K において

$$\sigma_n : a \to a^{p^n}$$

は K から K 内への 1 つの自己同型写像であることを示せ．

問題 9-5 K は無限個の要素をもつ体とする．

(1) α,β が K 上分離的のとき $K(\alpha,\beta)$ を含む K の正規拡大体 E が存在することを示せ．

(2) $(K(\alpha,\beta)/K)=n$ とすると $K(\alpha,\beta)$ の E 内への相異なる同型写像 $\sigma_1,\sigma_2,\cdots,\sigma_n$ が存在する．このとき

$$g(t) = \prod_{i>j}\{(\sigma_i\beta-\sigma_j\beta)t+\sigma_i\alpha-\sigma_j\alpha\}$$

とするとき $g(c) \neq 0$ となる K の要素 c が存在することを示せ．

(3) $\gamma=\alpha+c\beta$ とおくと $\sigma_1(\gamma),\cdots,\sigma_n(\gamma)$ が相異なることを

示し，それを用いて $K(\gamma) = K(\alpha, \beta)$ である理由を述べよ．

問題 9-6 α, β が次のように与えられたとき $Q(\alpha, \beta) = Q(\gamma)$ となる γ を 1 つ書き，その γ について事実 $Q(\alpha, \beta) = Q(\gamma)$ のなりたつことを示せ．またこのときの次数 $(Q(\alpha, \beta)/Q)$ を求めよ．

(1) $\alpha = \sqrt{-3}, \beta = \sqrt{2}$
(2) $\alpha = \sqrt[3]{2}, \beta = \sqrt{2}$
(3) α は $x^3 - x + 1 = 0$ の 1 根，
  β は $x^2 - 2x + 2 = 0$ の 1 根

問題 9-7 $\gamma = \sqrt[3]{2} + \omega$ とおくと $Q(\sqrt[3]{2}, \omega) = Q(\gamma)$ を示し，次に中間体をすべてあげよ．ここに $\omega = e^{\frac{2\pi i}{3}}$ とする．

問題 9-8 $\gamma = \sqrt[4]{2} + i$ とおくとき $Q(\sqrt[4]{2}, i) = Q(\gamma)$ を示し，次にその中間体をすべてあげよ．

10. アーベル群とその応用

［概要］体の乗法に関する有限部分群は巡回群であることを証明することと有限体の構造を定め，有限体の有限次拡大体は正規拡大体であり，その自己同型群は巡回群であることを導く．前半の部分のためにアーベル群の 2 つの性質を紹介する．1 つは一般のアーベル群において，位数 c が最大の要素 C が存在すれば任意の要素の位数は c の約数であることを示し，もう 1 つは有限生成のアーベル群の基底定理であって，いずれにも著者アルティンの工夫のあとが見うけられる．

体のある有限部分集合が，その体の乗法に関して群をなしていることは少なくない．そのような群の構造は，きわめて単純である．

定理 26. 体の乗法群の任意の有限部分群 S は巡回群で

ある.

この定理の証明には，アーベル群に関する次のいくつかの補題がもとになっている.

補題1． 1つのアーベル群において，AとBを位数がそれぞれaとbの要素とし，cをaとbの最小公倍数とすると，この群の中には位数がcの要素が存在する．

証明 (a) a, bが互いに素のときは$C = AB$が問題の位数abをもつ．

すなわち，もし$C^r = 1$ならば$C^{rb} = A^{rb}B^{rb} = A^{rb} = 1$から$rb$は$a$で割りきれ，$a, b$が互いに素であるから$r$が$a$で割りきれる．同様にして$r$は$b$で割りきれ，$a, b$が互いに素であるから$r$は$ab$で割りきれる．他方$C^{ab} = 1$であるから，$ab$が$C$の位数である．

(b) dをaの約数とするとき，位数dの要素が存在する．実際，$A^{a/d}$がそのような要素である．

(c) ここで一般の場合を扱う．aまたはbに現われる素数を$p_1, p_2, \cdots, p_r$とし，
$$a = p_1^{n_1} p_2^{n_2} \cdots p_r^{n_r}$$
$$b = p_1^{m_1} p_2^{m_2} \cdots p_r^{m_r}$$
とする．n_iとm_iの大きい方をt_iとする．すると
$$c = p_1^{t_1} p_2^{t_2} \cdots p_r^{t_r}$$
である．(b) によって，位数が$p_i^{n_i}$の要素と$p_i^{m_i}$の要素が存在するので，位数が$p_i^{t_i}$の要素が存在することにな

る．(a) によって，このような要素の積が問題の位数 c の要素である． (証明終り)

補題 2. 1 つのアーベル群において，位数 c が最大のような要素 C が存在するならば（有限群はつねにこの条件を満たす），c はこの群の任意の要素 A の位数 a で割りきれる．よってこの任意の要素は，$x^c = 1$ を満足する．

証明 a が c を割りきらないならば，a と c の最小公倍数は c より大きく，この数を位数にもつ要素を与えることができるはずである．これは c のとり方に反する．

(証明終り)

定理 26 の証明 S の位数を n とし，S の要素のもつ位数の中で最大のものを r とする．すると S のすべての要素は $x^r - 1 = 0$ を満たす．次数 r のこの多項式は，体 K の中では根を r 個以上はもち得ないので，$r \geq n$ である．ところが一方，要素の位数は n の約数であるから，$r \leq n$ である．よって $r = n$ であり，S の中の位数が n の要素を ε とすると $1, \varepsilon, \varepsilon^2, \cdots, \varepsilon^{n-1}$ はすべて異なり，S のすべての要素を表わす．すなわち S は巡回群である．

(証明終り)

定理 26 はまた，有限生成のアーベル群に関する**基底定理**を用いても証明することができる．この定理はあとになって必要となるので，ここでその証明を与えておこう．

G をアーベル群とし，群演算を加法で書き表わすとす

る．要素 $g_1, g_2, \cdots, g_k$ が群 G を生成するとは，G の任意の要素 g が g_i の倍数の和として，
$$g = n_1 g_1 + n_2 g_2 + \cdots + n_k g_k$$
の形に書き表わされることをいう．$g_1, g_2, \cdots, g_k$ が群 G を生成し，k 個より少ない個数で G を生成するような集りは存在しないとき，$g_1, g_2, \cdots, g_k$ を G の極小な生成系という．有限個の要素からなる生成系をもつ群は極小な生成系をもつ．とくに有限アーベル群は，つねに極小な生成系をもつ．さらに
$$n_1(g_1 + m g_2) + (n_2 - n_1 m) g_2 = n_1 g_1 + n_2 g_2$$
から，$g_1, g_2, \cdots, g_k$ が G の生成系ならば，
$$g_1 + m g_2, \quad g_2, \quad \cdots, \quad g_k$$
もまた G の生成系である．また
$$m_1 g_1 + m_2 g_2 + \cdots + m_k g_k = 0$$
のような等式を生成系の間の**関係**といい，$m_1, m_2, \cdots, m_k$ をこの関係の係数という．

アーベル群 G が部分群 $G_1, G_2, \cdots, G_k$ の直積であるとは，G の任意の要素 g が G_i の要素 $x_i\ (i=1, 2, \cdots, k)$ を用いて
$$g = x_1 + x_2 + \cdots + x_k$$
の形に一意的に表わされることをいう．

基底定理 有限生成のアーベル群は，巡回部分群 G_1, $G_2, \cdots, G_k$ の直積である．ここに $i = 1, 2, \cdots, k-1$ のとき G_i の位数は G_{i+1} の位数の約数であり，k は極小な生成

系のもつ要素の個数である．ただし無限群の位数とは0を指すものとする．

証明 $k=1$ とする．この群は巡回群であり，定理は自明である．

この定理が，$k-1$ 個の要素からなる極小な生成系をもつ群に対して正しいと仮定しよう．そして G を k 個の要素からなる極小な生成系をもつアーベル群とする．まず，自明でない関係をもつ極小な生成系が存在しないとする．このとき $g_1, g_2, \cdots, g_k$ を1組の極小な生成系とし，これらの要素が生成する巡回群を $G_1, G_2, \cdots, G_k$ とする．G の任意の要素 g に対して

$$g = n_1 g_1 + n_2 g_2 + \cdots + n_k g_k$$

とすると，この表わし方は一意である．もしそうでないとすると，自明でない関係が得られてしまうからである．よってこの場合にはわれわれの定理の正しいことがわかる．

そこでいま，ある極小な生成系に対して自明でない関係がある場合を考える．極小な生成系のすべてについて，その関係の中で最小の正の係数の現われるものを

$$m_1 g_1 + m_2 g_2 + \cdots + m_k g_k = 0 \qquad (1)$$

とする．必要とあれば生成要素の順序を交換して，その最小正の係数とは，m_1 のことであるとしてよい．$g_1, g_2, \cdots, g_k$ の間の他の任意の関係

$$n_1 g_1 + n_2 g_2 + \cdots + n_k g_k = 0 \qquad (2)$$

においては，m_1 は n_1 の約数である．もしそうでないと

すると，$n_1 = qm_1 + r, 0 < r < m_1$ となり，関係 (2) から関係 (1) の q 倍を引くと，係数が $r < m_1$ のような関係が得られてしまうからである．また関係 (1) において，m_1 はまた m_i の約数でなければならない．そうでないとして，たとえば $m_2 = qm_1 + r, 0 < r < m_1$ とすると，生成系 $g_1 + qg_2, g_2, \cdots, g_k$ は，関係
$$m_1(g_1 + qg_2) + rg_2 + m_3 g_3 + \cdots + m_k g_k = 0$$
をもち，係数 r は m_1 のとり方に矛盾するからである．よって
$$m_2 = q_2 m_1, \quad m_3 = q_3 m_1, \quad \cdots, \quad m_k = q_k m_1$$
である．すると
$$\bar{g}_1 = g_1 + q_2 g_2 + \cdots + q_k g_k, g_2, \cdots, g_k$$
は極小な生成系であり，$m_1 \bar{g}_1 = 0$ である．そこで
$$0 = n_1 \bar{g}_1 + n_2 g_2 + \cdots + n_k g_k$$
を，$\bar{g}_1, g_2, \cdots, g_k$ の間の任意の関係とするとき，これを関係 (2) のように書きなおしてみることにより，n_1 は m_1 で割りきれることがわかり，$m_1 \bar{g}_1 = 0$ から関係 $n_1 \bar{g}_1 = 0$ が得られる．

いま，$g_2, \cdots, g_k$ によって生成される G の部分群を G' とし，$\bar{g}_1$ によって生成される位数 m_1 の巡回群を G_1 とする．すると G は G_1 と G' の直積である．まず G の任意の要素 g は
$$g = n_1 \bar{g}_1 + n_2 g_2 + \cdots + n_k g_k = n_1 \bar{g}_1 + g'$$
$$(ここに g' \in G')$$
のように書かれる．しかも $n_1 \bar{g}_1 + g' = n_1' \bar{g}_1 + g''$ から

$$(n_1 - n_1')\bar{g}_1 + (g' - g'') = 0$$

が得られ，すると上に示したように $(n_1 - n_1')\bar{g}_1 = 0$ すなわち $n_1 \bar{g}_1 = n_1' \bar{g}_1$ となり，はじめにもどって $g' = g''$ となる．よって G の要素の上の表現は一意的である．

さて帰納法の仮定によって，G' は $\bar{g}_2, \bar{g}_3, \cdots, \bar{g}_k$ によって生成される $k-1$ 個の巡回群の直積であり，しかもこれらの位数 $t_2, t_3, \cdots, t_k$ について t_i が t_{i+1} の約数であるという条件が満たされているとしてよい．生成系 $\bar{g}_1, \bar{g}_2, \cdots, \bar{g}_k$ をとり，関係 $m_1 \bar{g}_1 + t_2 \bar{g}_2 = 0$ を考えると，前に示したことから m_1 は t_2 の約数である．これで証明が完了した． (証明終り)

ここで有限体，すなわち有限個の要素をもつ体について考えよう．

K を q 個の要素をもつ有限体とする．0 と異なる K の要素の全体は，位数 $q-1$ の乗法群をつくるので，0 でない K のすべての要素 α に対して $\alpha^{q-1} = 1$ となる．これに α をかけると $\alpha^q = \alpha$ となり，これならば $\alpha = 0$ に対してもなりたつ式となる．また定理26によると，K の乗法群は巡回群であり，K の 0 と異なる要素全体が $1, \varepsilon, \varepsilon^2, \cdots, \varepsilon^{q-1}$ となる．ここに ε は位数が $q-1$ の要素である．

この結果を K 上有限次の拡大体 E に用いると，E の 0 でない要素は，ある1つの要素 α の累乗であり，$E = K(\alpha)$ となることがわかる．よって有限体の場合の定理24の証明が埋められたことになる．

さていま $(E/K)=n$ とし, $\omega_1, \omega_2, \cdots, \omega_n$ を K 上のベクトル空間としての生成系とする. E の任意の要素 θ は, 線形和

$$\theta = c_1\omega_1 + c_2\omega_2 + \cdots + c_n\omega_n$$

の形に一意に表わされる. ここに c_i は体 K に属する. よって E の要素の個数は q^n であることがわかる. E の q^n 個の要素は, すべて q^n 次の方程式

$$x^{q^n} - x = 0$$

を満たす. この方程式は q^n 個より多い個数の根をもち得ないので, E の要素がこの方程式の根の全体である. よって次の分解を得る.

$$x^{q^n} - x = \prod_\alpha (x-\alpha)$$

ここに, 積は E のすべての要素 α にわたるものである. すなわち E は, K 上多項式 $x^{q^n}-x$ の分解体である. 定理10の系によって, K 上同じ次数 n の2つの体は, K の任意の要素を不変にするような同型写像によって同型である.

K は有限体であるから, 標数0をもつことはない. K の標数を $p>0$ とすると K は p 個の要素をもつ部分体 Q_p を含む. Q_p 上 K の次数を r とすると, 上に示したことから, K はちょうど p^r 個の要素をもつ. すなわち $q=p^r$ である. 標数 p の有限体においては, p 乗をすることは1つの自己同型写像であった. この自己同型写像を2回行なうことからわかるように, p^2 乗することもまた

1つの自己同型写像である. 一般に, 任意の自然数 s に対して, K の要素 α を α^{p^s} に写す写像は K の自己同型写像である. よってとくに K からの任意の α, β に対して次の関係がなりたつ.

$$(\alpha \pm \beta)^{p^s} = \alpha^{p^s} \pm \beta^{p^s}, \qquad (\alpha\beta)^{p^s} = \alpha^{p^s}\beta^{p^s}$$

$q = p^r$ 個の要素をもつ与えられた有限体 K と, 与えられた $n \geqq 1$ に対して, n 次の拡大体 E が存在することが証明される. それには E を K 内の多項式 $x^{q^n} - x$ の分解体にとればよい. このとき $(E/K) = n$ であることを示せばよいのであるが, それには前に示したことにより, E の要素の個数がちょうど q^n であることを知ればよい. α がこの多項式の根ならば

$$\alpha^{q^n} - \alpha = 0$$

であるから, この多項式は, また次の形に書き表わすことができる.

$$x^{q^n} - \alpha^{q^n} - (x - \alpha) = 0$$

これを $x - \alpha$ で割ったのち $x = \alpha$ とおくと $q^n \alpha^{q^n - 1} - 1$ となる. ここで q は標数 p で割りきれるので, 体の要素としては 0 であり, よってこの式の値は単に -1 となる. これは α が単根であることを示しており, $x^{q^n} - x$ はちょうど q^n 個の異なる根をもつことがわかる[*]. その任意の2根 α, β をとると, 次のようにして $\alpha \pm \beta, \alpha\beta$ および $\dfrac{\alpha}{\beta}$ ($\beta \neq 0$) もまた根であることがわかる.

---

[*] 定理 25 を用いてもよい. [訳者注]

$$(\alpha \pm \beta)^{q^n} = \alpha^{q^n} \pm \beta^{q^n} = \alpha \pm \beta$$
$$(\alpha\beta)^{q^n} = \alpha^{q^n}\beta^{q^n} = \alpha\beta$$
$$\left(\frac{\alpha}{\beta}\right)^{q^n} = \frac{\alpha^{q^n}}{\beta^{q^n}} = \frac{\alpha}{\beta}$$

よって根全体が，それ自身 q^n 個の要素をもつ体であることがわかる．そして分解体の最小性から E はこの体に一致し，よって q^n 個の要素をもつことがわかる．

(証明終り)

この結果を，基礎体として Q_p をとり，次数として r をとる場合にあてはめると，とくに与えられた $q=p^r$ に対して，q 個の要素をもつ体が存在することがわかる．前に示した拡大体の一意性から，要素の個数が等しい2つの有限体は同型であることがわかる．

K を q 個の要素をもつ与えられた体とし，E を n 次の拡大体とすると，すでに確かめたように，E はただ1つの要素 α を付加して得られる．α を根にもつ K 内の既約多項式は n 次である．よって K 内には任意に与えられた次数の既約多項式が存在する．

さてここで，有限体 K の n 次の拡大体 E の自己同型群（すなわち K を不変にする自己同型写像の群）G を決定しなければならない．すでにみたように，E の任意の要素 α に対して $\sigma(\alpha)=\alpha^q$ となる写像 σ は，1つの自己同型写像である．K 内の α に対しては $\alpha^q=\alpha$ であるから，この σ は K の各要素を不変にする．σ の位数を求めるために $\sigma^s=1$ としよう．この場合，そうすると

$\alpha^{q^s}=\alpha$ が E 内のすべての α に対して成立しなければならない. ところが $x^{q^s}-x$ は $s\geqq n$ のときのみ q^n 個の根をもち得るとともに, 他方 E 内のすべての α に対して $\alpha^{q^n}=\alpha$ であるから, σ の位数は n に等しいことがわかる. よって $1,\sigma,\sigma^2,\cdots,\sigma^{n-1}$ は相異なる n 個の自己同型写像である. n 次の拡大体は, それ以上の個数の自己同型写像をもち得ない. かくして G は決定され, 位数 n の巡回群であることがわかった.

問題 10-1 補題 2 は非可換群ではなりたたない. その例をあげよ.

問題 10-2 アーベル群 G の演算を乗法記号で表わしたとき,

(1) $g_1,g_2,\cdots,g_k$ が G を生成することの定義を述べよ.

(2) G が部分群 $G_1,G_2,\cdots,G_k$ の直積であることの定義を述べよ.

(3) アーベル群の基底定理を用いて定理 26 を証明せよ.

問題 10-3 有限生成のアーベル群 G の単位要素 e 以外の要素の位数がすべて無限のとき, G は無限巡回群 $G_1,G_2,\cdots,G_k$ の直積であり, したがって要素 $g_1,g_2,\cdots,g_k$ が存在して, G の任意の要素 g は

$$g=g_1^{x_1}g_2^{x_2}\cdots g_k^{x_k} \quad (x_1,x_2,\cdots,x_k \text{ は整数})$$

と一意的に表わされることを示せ. さらに, このような要素 $g_1,g_2,\cdots,g_k$ の個数 k は一定であることを示せ. (このような群 G を階数 k の**自由アーベル群**という.)

問題 10-4 アーベル群 G が $g_1,g_2,\cdots,g_k$ によって生成される巡回部分群 $G_1,G_2,\cdots,G_k$ の直積であるとする. このとき,

(1) $g_1,g_2,\cdots,g_l$ $(l\leqq k)$ の生成する部分群を U とすると, 商

群 G/U は $g_{l+1}U, g_{l+2}U, \cdots, g_kU$ によって生成される巡回部分群の直積であることを示せ.

(2) $g_1, g_2, \cdots, g_k$ のうち $g_1, g_2, \cdots, g_l$ の位数が有限で, $g_{l+1}, g_{l+2}, \cdots, g_k$ の位数が無限のとき, G の位数有限の要素全体 U は $g_1, g_2, \cdots, g_l$ の生成する部分群 U' であることを示せ.

(3) (2) のとき G/U は階数 $k-l$ の自由アーベル群であることを示せ.

問題 10-5 r を正の整数とする. 標数 p の有限体 K において, K の任意の要素 a に対して $x^{p^r}=a$ となる K の要素 x が一意的に存在することを示せ. 次にこの x を $a^{p^{-r}}$ と表わすと
$$\tau : a \to a^{p^{-r}}$$
は K の自己同型写像であることを示せ.

問題 10-6 K_r が有限体で, 要素の個数が p^r のとき

(1) s を r の正の約数とすると, K には要素の個数が p^s 個の部分体 K_s がちょうど1つ存在することを示せ.

(2) K の部分体は (1) で示したようなものに限ることを示せ.

(3) $r=sf$ とすると K_r は K_s 上の f 次の正規拡大体であり, 自己同型群は位数 f の巡回群であることを示せ.

問題 10-7 (1) 有限体 Q_5 において x^2-2, x^2-3 は既約であることを示せ.

(2) このとき $x^2-2=0$ の1根を θ とすると, x^2-3 は $Q_5(\theta)$ で可約であることを示せ.

問題 10-8 (1) p を素数とするとき, 次の合同式がなりたつ理由を述べよ.
$$x^{p-1}-1 \equiv \prod_{k=1}^{p-1}(x-k) \pmod{p}$$

(2) $(p-1)! \equiv -1 \pmod{p}$ を証明せよ. これを**ウィルソン**

問題 10-9 K を標数 p の有限体とし，E をその有限次拡大体とする．問題 8-8 で定義した N, S による E から K への 2 つの写像

$$\alpha \to N(\alpha), \qquad \alpha \to S(\alpha)$$

はいずれも K の上への写像であることを示せ．

11. 1 の累乗根

［概要］標数が素数 p のときは $p \nmid n$ とするとき，1 の原始 n 乗根の個数はオイラーの関数 $\varphi(n)$ で示される．とくにそれらは有理数体上では $\varphi(n)$ 次の正規拡大体を生成する．円周等分多項式 $\Phi_n(x)$ の Q 上での既約性は，整数論的な考察をして導くのが普通であるが，アルティンはランダウに従い巧妙な方法で初等的にこれを導いているので，$\varphi(n)$ や整数論的な予備知識を必要としない．

K を任意の体とする．その拡大体の要素 ε が $x^n - 1$ の根であるとき，ε を **1 の n 乗根**（または累乗根）という．

K の標数 p が 0 より大とし，$n = pm$ とすると $x^n - 1 = (x^m - 1)^p$ であるから，1 の n 乗根は 1 の m 乗根である．よって標数が $p > 0$ のときは n と p は互いに素であると仮定しても一般性を失わない．

$x^n - 1$ の導関数は nx^{n-1} である．nx^{n-1} は 0 を根にもつのみであるから，$x^n - 1$ との共通根は存在しない．よって K 上 $x^n - 1$ の分解体 E は正規拡大体であり，$x^n - 1 = 0$ のちょうど n 個の根を含む．2 つの 1 の n 乗根の積と商はふたたび 1 の n 乗根であるから，E 内の 1 の n 乗

根の全体は乗法群をつくる．定理26によって，この群は巡回群である．したがって位数がちょうど n の要素 ε が存在し，任意の1の n 乗根は ε の累乗である．このような1の n 乗根 ε は，1の原始 n 乗根とよばれる．累乗 ε^i が1の原始 n 乗根であるための条件は，i が n と互いに素なことである．よって，異なる1の原始 n 乗根の個数はオイラーの関数 $\varphi(n)$ である[*)]．オイラーの関数 $\varphi(n)$ についての基本性質は既知のものとする．

d が n の約数のとき x^d-1 は x^n-1 の約数である．よって1の d 乗根は，1の n 乗根の中に含まれている．ε^i の位数を d とすると，d は n の約数であり，ε^i は1の原始 d 乗根である．よって η が1の原始 d 乗根の全体にわたるときの積 $\prod(x-\eta)$ を $\Phi_d(x)$ で表わせば，

$$(*) \qquad x^n-1 = \prod_d \Phi_d(x)$$

となる．ここに d は n の約数全体を動く．これは左辺を1次因数に分けて，次にそれを累乗根の位数 d ごとに組分けして得られた結果である．とくに $\Phi_1(x)=x-1$ であり，n による帰納法によって $\Phi_n(x)$ は最高次係数が1の整数係数の多項式であることが次のようにしてわかる．す

[*)] 整数域 Z の n を法とする剰余類のうち，n と互いに素な整数からなるものを既約剰余類という．既約剰余類は乗法で群をつくり，その位数を $\varphi(n)$ で表わして，オイラーの関数という．$\varphi(n)$ は $1,2,\cdots,n$ のうちの n と互いに素なものの個数にほかならない．p が素数ならば $\varphi(p)=p-1$ であり，以下でとくに $\varphi(n)$ についての知識を必要としない．[訳者注]

なわち帰納法による仮定をしておくと，(*) から
$$x^n - 1 = \Phi_n(x)g(x)$$
であり，$g(x)$ は最高次の係数が 1 の整数係数の多項式であり，$x^n - 1$ を $g(x)$ で割る計算を考えれば $\Phi_n(x)$ もやはり最高次の係数が 1 の整数係数の多項式であることがわかるのである．多項式 $\Phi_n(x)$ は次数 $\varphi(n)$ をもち，n 次の**円周等分多項式**とよばれる．(*) は $x^n - 1$ の体 K 内での分解を与えているが，各因子は一般には K 内で既約であるとは限らない．

ε を 1 の原始 n 乗根とすると，体 $K(\varepsilon)$ はすべての 1 の n 乗根を含むので，$x^n - 1$ の分解体 E に一致する．$\Phi_n(\varepsilon) = 0$ であるから次の結果を得る．
$$(E/K) \leq \varphi(n)$$

E の K 上の自己同型群を G とし，σ を G の 1 つの要素とする．自己同型写像による 1 の原始 n 乗根の像はまたふたたび 1 の原始 n 乗根であるから，n と互いに素な i を用いて $\sigma(\varepsilon) = \varepsilon^i$ のように表わされる．すると
$$\sigma(\varepsilon^j) = \varepsilon^{ij} = (\varepsilon^j)^i$$
であり，σ は各 n 乗根をその i 乗でおきかえる写像である．これは i が σ にのみ関係して定まり，原始 n 乗根 ε のとり方には無関係であることを示している．しかも i は n の倍数を除いて一意的に定まる数である．しかし n と互いに素な任意の i がある自己同型写像を定める必要はない．たとえば ε 自身が K に含まれているときは $E = K$ であるから σ は恒等写像であり，$i \equiv 1 \pmod{n}$ でなけれ

ばならないわけである.

さていま, σ を i に関係づけて σ_i と表わすことにすれば,
$$\sigma_i \sigma_j(\varepsilon) = \sigma_i(\varepsilon^j) = \varepsilon^{ij}$$
すなわち $\sigma_i \sigma_j = \sigma_{ij}$ となる. よって各 σ_i に n を法とする既約剰余類[*] が一意に対応づけられ, 2 つの自己同型写像の積には剰余類の積が対応する. よって E の K 上の自己同型群は n を法とする既約剰余類群のある部分群に同型である. とくに G は可換群である. これは直接には $\sigma_i \sigma_j = \sigma_{ij} = \sigma_j \sigma_i$ からもわかることである.

次に特別な場合を考えて, 次の重要な結果を得る.

定理 27. $K = Q$, すなわち有理数体のとき, $\Phi_n(x)$ は既約であり, したがって $(E/Q) = \varphi(n)$ である. n と互いに素な任意の i に対して, 写像 $\sigma_i(\varepsilon) = \varepsilon^i$ は G に含まれる自己同型写像を表わし, G は n を法とする既約剰余類全体のつくる乗法群と同型である. とくに n が素数 p のとき群 G は位数 $p-1$ の巡回群であり
$$\Phi_p(x) = x^{p-1} + x^{p-2} + \cdots + x + 1$$
である.

証明 多項式 $f(x)$ が $x^n - 1$ の約数で, 有理数を係数にもつとする. 適当な定数をかけることによって, $f(x)$ は整数係数をもつとすることができる.(整数を係数とす

---

[*] p.111 の注を参照せよ.［訳者注］

る多項式に関するガウスの定理を用いると，$f(x)$ の最高次の係数を1にすることができるが，この性質は用いない[*].）s を自然数とし，$f(x^s)$ を $f(x)$ で割ったときの剰余を $r_s(x)$ とすると，$r_s(x)$ は有理数係数であり，その係数の分母に現われる素数因子は，あるとしても $f(x)$ の最高次の係数の素数因子だけである．差 $f(x^{s+n}) - f(x^s)$ をつくるとき，$f(x)$ の項 ax^m からは

$$ax^{m(s+n)} - ax^{ms} = ax^{ms}(x^{mn} - 1)$$

が得られ，これは $x^n - 1$ で割りきれるので $f(x)$ で割りきれる．$f(x^s)$ に $f(x)g(x)$ の形の多項式を加えても剰余はかわらないので，

$$r_{s+n}(x) = r_s(x)$$

となり，$r_s(x)$ は s の n を法とする剰余類のみに関係する．したがってとくに多項式 $r_s(x)$ のうち異なるものは有限個にすぎない．

次に p を $f(x)$ の最高次の係数を割らない素数とする．$r_p(x)$ は多項式 $f(x^p) - (f(x))^p$ を $f(x)$ で割ったときの剰余でもある．$f(x)$ は整数係数であるから，同じ項が何回も重複して現われてもよいものとすると，

$$f(x) = \sum \pm x^m$$

の形に書ける．2項係数の性質によって，$(f(x))^p$ と $\sum \pm x^{mp}$ との差の係数は，p で割りきれ，

---

[*] ガウスの定理とは，問題 2-4 のことである．［訳者注］

$$f(x^p) = \sum \pm x^{mp}$$

であるから

$$f(x^p) - (f(x))^p = pg(x)$$

と書ける．ここに $g(x)$ も整数係数の多項式である．よって $r_p(x)$ は $g(x)$ を $f(x)$ で割ったときの剰余の p 倍であり，p が $f(x)$ の最高次係数の中に現われない素数であることから，p は $r_p(x)$ の係数の分子をすべて割りきっている．

次に，$f(x)$ の最高次の係数および多項式 $r_s(x)$ 全体（すでにみたように，異なる $r_s(x)$ は有限個しか存在しない）について，そこに現われる係数の分子を考え，それらの絶対値より大きい整数を M とする．p を $\geqq M$ のような素数とすると p が $r_p(x)$ の係数の分子を割ることができるのは $r_p(x) = 0$ のときだけである．よって $p \geqq M$ のような素数に対して $r_p(x) = 0$ であることがわかる．

次に，s と t を $r_s(x) = 0$, $r_t(x) = 0$ のような素数とする．これは $f(x^s)$ が $f(x)$ で割りきれることを意味するので，$f(x^{st})$ は $f(x^t)$ で割りきれる．また $f(x^t)$ は $f(x)$ で割りきれるので $f(x^{st})$ は $f(x)$ で割りきれ，したがって $r_{st}(x) = 0$ となる．よって s のすべての素因子が M 以上のときは $r_s(x) = 0$ である．

今度は s を n と互いに素な数とする．$s_1 = s + n \prod p$ とおく．ここに p は M より小さい素数で，s の中に現われないもの全体を動くものとする．s_1 は M より小さい素数

で割りきれないので $r_{s_1}(x)=0$ である．ところが s と s_1 は n を法として同じ剰余類にはいるので $r_s(x)=0$ となる．よって s が n と互いに素のとき $f(x^s)$ は $f(x)$ で割りきれることがわかる．

そこでいま $f(x)$ に対して，それが原始 n 乗根 ε を根にもつと仮定する．s が n と互いに素であれば，$f(x^s)=f(x)h(x)$ となり，$f(\varepsilon^s)=0$ である．よって 1 の原始 n 乗根はすべて $f(x)$ の根であり，$f(x)$ の次数は $\geqq \varphi(n)$ である．円周等分多項式 $\Phi_n(x)$ は次数がちょうど $\varphi(n)$ であるから，$\Phi_n(x)$ は既約でなければならない．すると G はちょうど $\varphi(n)$ 個の要素をもつので，n と互いに素な任意の i に対して自己同型写像 σ_i が定まることもわかる．

とくに n が素数 p のとき，群 G は p を法とする既約剰余類のつくる乗法群に同型である．ところがこの既約剰余類群は体 Q_p の乗法群であるから，巡回群である．また
$$x^p - 1 = \Phi_p(x)\Phi_1(x)$$
から $\Phi_p(x)$ は与えられた形となることがわかる．

以上で定理 27 のすべての部分が証明されたことになる． (証明終り)

問題 11-1 ε を 1 の原始 n 乗根とするとき，ε^i が 1 の原始 n 乗根であるための条件は，n と i が互いに素なことである．これを証明せよ．

問題 11-2 $\Phi_m(x)$ を Q 上の円周等分多項式とする．
(1) $\Phi_3(x)$, $\Phi_4(x)$, $\Phi_5(x)$, $\Phi_6(x)$ を書き表わせ．
(2) m が奇数ならば $\Phi_{2m}(x)=\Phi_m(-x)$ であることを証明

せよ．

(3) 素数 p が m を割らないとき $\Phi_{pm}(x) = \dfrac{\Phi_m(x^p)}{\Phi_m(x)}$ であることを証明せよ．

問題 11-3 (1) p を素数とするとき，問題 2-7 を用いて，多項式 $\Phi_p(x) = x^{p-1} + x^{p-2} + \cdots + x + 1$ が既約であることを示せ．

(2) (1) につづいて $\Phi_{p^n}(x) = \Phi_p(x^{p^{n-1}})$ を示し，次に (1) と同様にしてこれが既約であることを示せ．

12. ネーター等式

[概要] E の自己同型写像の群を G として，ネーター等式
$$x_\sigma \sigma(x_\tau) = x_{\sigma\tau} \quad (\sigma, \tau \in G)$$
の解が $x_\sigma = \dfrac{\alpha}{\sigma(\alpha)}$ であることを示し，その 2 つの応用を導く．

その 1 つは，G の不変体を K とするとき，G の K における指標 $C(\sigma)$ が $C(\sigma) = \dfrac{\alpha}{\sigma(\alpha)}$ と表わされることと，

もう 1 つは次の有名なヒルベルトの定理 90 である．

"G が巡回群のとき $N(\beta) = 1, \beta \in E$ ならば $\beta = \dfrac{\alpha}{\sigma(\alpha)}, \alpha \in E$ と表わされる．"

E を体とし，G を E の自己同型写像のつくる有限群とする．G の各要素 σ に E 内の要素 $x_\sigma \neq 0$ が対応し，G の任意の要素 σ, τ に対して次の等式がなりたつものとする．

$$x_\sigma \sigma(x_\tau) = x_{\sigma\tau}$$

この等式をネーター等式といい，x_σ をその解であるという．

定理 28. ネーター等式の解は，任意の σ に対して x_σ

$= \dfrac{\alpha}{\sigma(\alpha)}$ のように表わされる．ここに α は E の0でない要素である．

証明 任意の α に対して $x_\sigma = \dfrac{\alpha}{\sigma(\alpha)}$ がこの等式の解であることは，次のことからわかる．

$$\frac{\alpha}{\sigma(\alpha)} \sigma\left(\frac{\alpha}{\tau(\alpha)}\right) = \frac{\alpha}{\sigma(\alpha)} \frac{\sigma(\alpha)}{\sigma\tau(\alpha)} = \frac{\alpha}{\sigma\tau(\alpha)}$$

逆にいま x_σ が解であるとする．自己同型写像は線形独立であるから

$$\sum_\tau x_\tau \tau(z) = 0 \quad (\text{和は } G \text{ の要素 } \tau \text{ の全体にわたる})$$

は E のすべての要素 z に対しては成立しない．よって $\sum x_\tau \tau(a) = \alpha \neq 0$ のような E 内の要素 a が存在する．α に σ を施すと

$$\sigma(\alpha) = \sum \sigma(x_\tau) \sigma\tau(a)$$

これに x_σ をかけて

$$x_\sigma \sigma(\alpha) = \sum x_\sigma \sigma(x_\tau) \sigma\tau(a)$$

$x_\sigma \sigma(x_\tau)$ を $x_{\sigma\tau}$ でおきかえて，τ が G の要素全体を動くとき $\sigma\tau$ もまた G の要素全体を動くことに注意すると

$$x_\sigma \sigma(\alpha) = \sum_\tau x_\tau \tau(a) = \alpha$$

よって $x_\sigma = \dfrac{\alpha}{\sigma(\alpha)}$ であることがわかる． （証明終り）

G の不変体を K とする．ネーター等式の解のうち K

内にあるものだけに注目すると，σ は K の要素を動かさないのでネーター等式は次のように簡単に書くことができる．

$$x_{\sigma\tau} = x_\sigma x_\tau$$

x_σ を G の K 内への写像とみると，この等式は x_σ が G の K における指標であることを示している．これと定理 28 を一緒にして，次の結果を得る．

定理 29. E を，群 G をもつ K の正規拡大体とする．G の K における任意の指標 $C(\sigma)$ に対して，$C(\sigma) = \dfrac{\alpha}{\sigma(\alpha)}$ のような E の要素 $\alpha \neq 0$ をとることができる．逆に $\alpha \neq 0$ を E の任意の要素で，任意の σ に対して $C(\sigma) = \dfrac{\alpha}{\sigma(\alpha)}$ が K 内にあるものとすれば，$C(\sigma)$ は G の K における指標である．さらにこのとき，G の要素の位数の最小公倍数を r とすれば，α^r は K に含まれる．

最後の部分以外は，すでに証明されている．最後の部分を証明するためには，G の任意の σ に対して $\sigma(\alpha^r) = \alpha^r$ を示せばよい．ところが

$$\frac{\alpha^r}{\sigma(\alpha^r)} = \left(\frac{\alpha}{\sigma(\alpha)}\right)^r = (C(\sigma))^r$$
$$= C(\sigma^r) = C(1) = 1 \qquad \text{(証明終り)}$$

定理 28 の次の応用に進もう．E の要素 α の G の要素による像全体の積は，G の不変体に属するので，K の要素である．この要素を α のノルムといい $N(\alpha)$ で表わす．

すると

$$N(\alpha)N(\beta) = N(\alpha\beta), \qquad N\left(\frac{\alpha}{\beta}\right) = \frac{N(\alpha)}{N(\beta)}$$

は容易にわかり，さらにGの要素σに対して$\sigma(\alpha)$とαのGによる像の集合は同一なので$N(\sigma(\alpha)) = N(\alpha)$である．よって$\alpha \neq 0$のとき

$$N\left(\frac{\alpha}{\sigma(\alpha)}\right) = 1$$

となる．Gが巡回群のときは，この結果の逆がなりたつ．これはヒルベルトによる結果である．

定理 30. Kの正規拡大体Eの自己同型群Gが位数nの巡回群のとき，Gの生成要素をσとすると，$N(\beta) = 1$の解は

$$\beta = \frac{\alpha}{\sigma(\alpha)} \quad (\alpha \text{ は } 0 \text{ でない } E \text{ の要素})$$

だけである．

証明 群Gの要素は正の整数iによってσ^iと表わされる．いま

$$N(\beta) = \prod_{\nu=0}^{n-1} \sigma^\nu(\beta) = 1$$

とする．任意のiに対して

$$x_{\sigma^i} = \prod_{\nu=0}^{i-1} \sigma^\nu(\beta)$$

とおく．iがnだけふえるたびに，この右辺の積から因子

$N(\beta)=1$ をとり出すことができるので, x_{σ^i} は σ^i によって定まる値である. ここで

$$x_{\sigma^i}\sigma^i(x_{\sigma^k}) = \prod_{\nu=0}^{i-1}\sigma^\nu(\beta)\prod_{\mu=0}^{k-1}\sigma^{i+\mu}(\beta)$$

$$= \prod_{\nu=0}^{i+k-1}\sigma^\nu(\beta) = x_{\sigma^{i+k}}$$

となるので, x_{σ^i} はネーター等式の解である. よって定理28によって E 内の要素 $\alpha \neq 0$ が存在して $x_{\sigma^i} = \dfrac{\alpha}{\sigma^i(\alpha)}$ となる. とくに $i=1$ とおくと $x_\sigma = \beta$ であるとともに $x_\sigma = \dfrac{\alpha}{\sigma(\alpha)}$ である. よって定理は示された.　　(証明終り)

問題 12-1 $E=Q(i)$ とするとき, $\beta = \dfrac{3}{5} + \dfrac{4}{5}i$ は $N(\beta)=1$ をみたすことを示し, 次に $\beta = \dfrac{\alpha}{\sigma(\alpha)}$ となる α を1つ求めよ. ただし σ は Q 上の共役写像とする.

13. クンマー体

［概要］前節で導いた指標についての結果を用いて, この章の後半の目標であるクンマー体の構造を定める. すなわち, 体 K が1の原始 r 乗根を含み, K 上の正規拡大体 E の自己同型群 G が階数 r の可換群のとき, E は次のように, K の有限個の要素の r 乗根を K に付加して得られる.

$$E = K(\sqrt[r]{a_1}, \sqrt[r]{a_2}, \cdots, \sqrt[r]{a_t})$$

逆に体 K が1の原始 r 乗根を含むとき, この形の拡大体をつくると K 上の正規拡大体が得られ, その自己同型群は階数 r をもつ.

体 K が1の原始 r 乗根を含むとし, G を階数 r の有限

な可換乗法群とする．ここで階数が r の可換群とは，各要素の位数が r の約数であるような可換群をいう．G の K における指標を単に G の指標とよぶことにする．任意の指標 $C(\sigma)$ に対して
$$(C(\sigma))^r = C(\sigma^r) = C(1) = 1$$
であるから，指標のとる値は 1 の r 乗根である．C_1, C_2 を 2 つの指標とすると $C_1(\sigma)C_2(\sigma)$ もまた指標であり，これを $C_1 C_2$ で表わす．また $(C_1(\sigma))^{-1}$ も 1 つの指標であるから，指標はここで定めた結合のもとで 1 つの群 $\hat{G}$ をつくる．この群 $\hat{G}$ を G の**指標群**または**双対群**という．

有限アーベル群の基底定理を乗法的に書き表わすと次のようになる：有限アーベル群 G には k 個の要素 $\tau_1, \tau_2, \cdots, \tau_k$ が存在して，任意の要素 σ は

(*) $$\sigma = \tau_1^{i_1} \tau_2^{i_2} \cdots \tau_k^{i_k}$$

の形に書き表わされる．ここに $\tau_1, \tau_2, \cdots, \tau_k$ の位数を順に $m_1, m_2, \cdots, m_k$ とすると i_ν は m_ν を法として一意的に定まる．

C を指標とし，$\varepsilon_\nu = C(\tau_\nu)$ とおくと，τ_ν の位数が m_ν であるから，ε_ν は 1 の m_ν 乗根であり
$$C(\sigma) = \varepsilon_1^{i_1} \varepsilon_2^{i_2} \cdots \varepsilon_k^{i_k}$$
となる．逆に ε_ν を 1 の m_ν 乗根とすると，この $C(\sigma)$ の式によって G の指標が定義される．よって任意の指標 C はベクトル $(\varepsilon_1, \varepsilon_2, \cdots, \varepsilon_k)$ によって書き表わされ，2 つの指標の積には，対応するベクトルの成分ごとの積をつくったベクトルが対応する．いま ε_s を 1 の原始 m_s 乗根に

とり，他の ε_ν を 1 にとったときの指標を C_s とする．すると任意の指標 C は $C = C_1^{l_1} C_2^{l_2} \cdots C_k^{l_k}$ の形に表わされる．ここに l_ν は m_ν を法として一意に定まる．これは群 G が群 $\hat{G}$ に同型であることを示し，とくに $\hat{G}$ の位数は G の位数に一致することがわかる．G の元 $\sigma \neq 1$ を（*）の形に書くとき，指数 i_ν の中の 1 つは m_ν で割りきれない．すると対応する指標 C_ν に対して $C_\nu(\sigma) \neq 1$ となる．すなわち $\sigma \neq 1$ のような任意の要素に対して $C(\sigma) \neq 1$ のような指標 C をみつけることができる．

σ を G の 1 つの要素とする．指標 C をいろいろとりかえて，$C(\sigma)$ を C の関数とみる．指標の積 $C_1 C_2$ は $C_1 \cdot C_2(\sigma) = C_1(\sigma) C_2(\sigma)$ によって定義したので，この C の関数は $\hat{G}$ の指標である．よって，G の各要素 σ に対して $\hat{G}$ の指標が対応する．$\hat{G}$ のこのような 2 つの指標 $C(\sigma)$ と $C(\tau)$ の積は $C(\sigma)C(\tau) = C(\sigma\tau)$ で定義され，これは $\sigma\tau$ に対応する指標である．さらに $\sigma \neq \tau$ とすると，指標 $C(\sigma)$ と指標 $C(\tau)$ は一致しない．何となればすべての C に対して $C(\sigma) = C(\tau)$，すなわち $C(\sigma\tau^{-1}) = 1$ とすると $\sigma\tau^{-1} \neq 1$ であるから，$C(\sigma\tau^{-1}) \neq 1$ のような C が存在することに矛盾するからである．ところが $\hat{G}$ の指標群は $\hat{G}$ と同じ位数をもち，したがって G と同じ位数をもつので，σ が群 G 内をかわるとき $C(\sigma)$ は $\hat{G}$ の指標全体を動く．以上のようにして，G を $\hat{G}$ の指標群とみなすことができる．

さてここで，12 節で証明した定理の応用を考えよう．

K を 1 の原始 r 乗根を含む体とし，E を K の正規拡大体で，その自己同型群が階数 r のアーベル群であるものとする．このとき体 E は，K に K のいくつかの要素の r 乗根を付加して得られることが証明される．

そのために K の要素の r 乗根であるような E の要素 $\alpha \neq 0$，すなわち α^r が K 内にあるような E の要素 $\alpha \neq 0$ 全体の集合 A を扱う．この集合 A は乗法群であり，K の 0 でない要素全体の集合 K^* を部分群にもち，商群 A/K^* は G の指標群 $\hat{G}$ と密接な関係にある．いま C を G の指標とする．定理 29 によって，任意の σ に対して $C(\sigma) = \dfrac{\alpha}{\sigma(\alpha)}$ のような E の要素 α が存在し，α^r は K に含まれ，α は A の要素である．任意の σ に対して

$$\frac{\alpha}{\sigma(\alpha)} = \frac{\beta}{\sigma(\beta)}$$

ならば

$$\frac{\alpha}{\beta} = \sigma\left(\frac{\alpha}{\beta}\right)$$

であるから，$\dfrac{\alpha}{\beta}$ は K^* に含まれねばならない．よって各指標 C には 1 つの剰余類 αK^* が対応する．逆に α を A の要素とすると $\alpha^r = a$ は K の要素であるから，$(\sigma(\alpha))^r = a$ となり，$\dfrac{\alpha}{\sigma(\alpha)}$ は 1 の r 乗根であり，したがって K の要素である．定理 29 によって $\dfrac{\alpha}{\sigma(\alpha)}$ は G の 1 つの指標である．よって上の対応は，$\hat{G}$ から商群 A/K^* の上への一対一の写像である．さらに

$$C_1(\sigma) = \frac{\alpha}{\sigma(\alpha)}, \quad C_2(\sigma) = \frac{\beta}{\sigma(\beta)}$$

ならば

$$C_1 C_2(\sigma) = \frac{\alpha\beta}{\sigma(\alpha\beta)}$$

よってわれわれの写像は $\hat{G}$ から A/K^* の上への同型写像である．したがってとくに A/K^* は有限群である．

いま A の要素全体を K に付加して得られる中間体を E_0 とし，E_0 に属する G の部分群を U とする．U は E_0 のすべての要素を不変にする G の要素のつくる部分群である．U はとくに A の各要素を不変にする．U がもし $\sigma \neq 1$ のような要素 σ をもつとすると，G には $C(\sigma) \neq 1$ のような指標 C が存在する．ところが A の適当な α によって $C(\sigma) = \dfrac{\alpha}{\sigma(\alpha)}$ となるので，σ は α を動かすことになり，はじめのとり方に矛盾する．よって $U = 1$ であり，$E_0 = E$ となる．

K と E の中間体 E_1 は G のある部分群 U に対応している．G はアーベル群であるから U は G の正規部分群であり，E_1 はまた K の正規拡大体である．またその自己同型群 G/U は階数 r のアーベル群である．よって上で得た結論を E_1 にもあてはめることができる．β^r が K に含まれるような E_1 の要素 $\beta \neq 0$ の全体を B とすると，E_1 は K に集合 B を付加することによって得られる．明らかに B は K^* を含むような A の部分群である．よって，

K^* と A との間には少なくとも中間体 E_1 の個数, すなわち G の部分群の個数だけの中間群がなければならない. ところが任意の中間群 B は A/K^* の部分群 B/K^* に対応し, A/K^* は $\hat{G}$, したがって G に同型である. よって中間群の個数は部分群 U の個数にちょうど等しい. よって中間体 E_1 と中間群 B との間に一対一の対応をつくることができる. とくに A と異なる中間群を付加しても, 体 E は得られないことがわかった.

A の要素の r 乗全体のつくる集合を A^r とすると, これは r 乗根が E に含まれるような K^* の要素の全体である. また K^* の要素の r 乗全体のつくる集合を K^{*r} とする. 商群 A^r/K^{*r} は剰余類 aK^{*r} から構成され, aK^{*r} の任意の要素の r 乗根は $\sqrt[r]{a}$ と K^* の因子だけ違うにすぎない. ここで $\sqrt[r]{a}$ は $x^r - a = 0$ の任意にえらんで固定した根をさすものとする. また容易にわかるように, 剰余類 αK^* に剰余類 $\alpha^r K^{*r}$ を対応させる A/K^* から A^r/K^{*r} の上への写像は同型写像である. よって指標群 $\hat{G}$ は, 基礎体の要素を用いて書き表わすことができることもわかった.

さらに群 G が巡回群のときをとりあげよう. このときは A/K^* も巡回群であり, 1つの剰余類 αK^* の累乗から構成される. よって K に A を付加するには, ただ1つの要素 α を付加すれば十分である. すなわちこの場合には, E は K に K のある要素のただ1つの r 乗根を付加して得られる. 以上の結果をあわせて次の定理を得る.

定理31. K を1の原始 r 乗根を含む体とし, E を K の正規拡大体で, その自己同型群 G は階数 r のアーベル群であるとする. このような拡大体は**クンマー体**とよばれる. このとき α^r が K に含まれるような E の要素 $\alpha \neq 0$ の集合を A とすると, $\hat{G}$ は A/K^* および A^r/K^{*r} に同型である. E は K に A の要素を付加して得られる. B を A と K^* の中間群とすると, $K(B)$ は中間体であり, B と中間体の間の対応は一対一である. G が巡回群のときは, E は K に K のある要素の r 乗根をただ1つ付加することによって得られる.

次に $a_1, a_2, \cdots, a_t$ を K の 0 でない要素とするとき
$$E = K(\sqrt[r]{a_1}, \sqrt[r]{a_2}, \cdots, \sqrt[r]{a_t})$$
は多項式 $(x^r - a_1)(x^r - a_2)\cdots(x^r - a_t)$ の分解体である. $x^r - a$ の異なる根は1の r 乗根だけ違うが, これは K に属するからである. 多項式 $x^r - a_\nu$ の導関数は rx^{r-1} であり, K が1の原始 r 乗根をもつときは, r は K の標数 p で割りきれない場合であるから, rx^{r-1} の根は 0 だけである. よって各因数 $x^r - a_\nu$ は単根しかもたないので, E は K の正規拡大体である. E の自己同型写像を σ とすると, $\alpha_\nu^r = a_\nu$ から
$$(\sigma(\alpha_\nu))^r = a_\nu$$
となるので, $\sigma(\alpha_\nu)$ は α_ν に1の r 乗根 $\varepsilon_\nu(\sigma)$ がかけあわされるにすぎない. すなわち $\sigma(\alpha_\nu) = \varepsilon_\nu(\sigma)\alpha_\nu, \nu = 1, 2, \cdots, t$ であり, α_ν は体 E を生成するので, この式によっ

て σ が特色づけられたことになる．σ, τ を E の自己同型群 G の要素とすると，$\varepsilon_\nu(\sigma)$ は K 内にあるので

$$\tau(\sigma(\alpha_\nu)) = \varepsilon_\nu(\sigma)\tau(\alpha_\nu) = \varepsilon_\nu(\sigma)\varepsilon_\nu(\tau)\alpha_\nu.$$

一方，$\tau(\sigma(\alpha_\nu)) = \varepsilon_\nu(\tau\sigma)\alpha_\nu$ となるので $\varepsilon_\nu(\tau\sigma) = \varepsilon_\nu(\sigma) \cdot \varepsilon_\nu(\tau)$．よって $\varepsilon_\nu(\tau\sigma) = \varepsilon_\nu(\sigma\tau)$ となり，G はアーベル群である．さらに $\varepsilon_\nu(\sigma^r) = (\varepsilon_\nu(\sigma))^r = 1$ であるから G は階数 r をもつこともわかる．

とくに $t = 1$ とすると $E = K(\sqrt[r]{a_1})$ であり，$\varepsilon_1(\sigma)$ だけが問題になり，群 G はこれら 1 の累乗根のつくる群に同型である．その累乗根のつくる群は，1 の r 乗根全体のつくる群の部分群であるから，位数が r の約数の巡回群である．

最後にもう一度 t が任意の場合にもどって，$\alpha_1^{\nu_1}\alpha_2^{\nu_2}\cdots\alpha_t^{\nu_t}a$ の形の要素全体のつくる乗法群を考える．ここに ν_i は任意の整数であり，a は K^* の任意の要素とする．この群は A の部分群であり，K^* を含む．これらを K に付加すると体 E が得られるので，この群は E の群 A に一致しなければならない．

また群 A^r は $a_1^{\nu_1}a_2^{\nu_2}\cdots a_t^{\nu_t}a^r$ のような形の要素全体からなる．ここに ν_i は任意の整数であり，a は K^* の要素である．群 $\hat{G}$ は A^r/K^{*r} に同型である．

以上から次の結果を得る．

定理 32. K を 1 の原始 r 乗根を含む体とし，$a_1, a_2, \cdots, a_t$ を K^* の任意の要素とする．すると拡大体 $E = K(\sqrt[r]{a_1},$

$\sqrt[r]{a_2}, \cdots, \sqrt[r]{a_t}$) はクンマー体である.この自己同型群の指標群 $\hat{G}$ は A^r/K^{*r} に同型である.ここに A^r とは ν_i を任意の整数とし,a を K^* の要素としたときの $a_1^{\nu_1} a_2^{\nu_2} \cdots a_t^{\nu_t} a^r$ の形の要素全体の集合である.とくに $t=1$ のとき自己同型群は巡回群であり,その位数は r の約数である.

問題 13-1 K が 1 の原始 n 乗根 ε を含むとき $b \in K^*$ に対して $E = K(\sqrt[n]{b})$ とする.このとき $(\sqrt[n]{b})^r$ が K に含まれる最小正の整数を r とすると,$(E/K) = r$ であり,$x^n - b$ は K 内で次のような既約多項式の積に分解されることを示せ.

$$x^n - b = (x^r - a)(x^r - a\varepsilon^r) \cdots (x^r - a\varepsilon^{r(s-1)}) \quad a^s = b$$

問題 13-2 素数 p が K の標数に等しくないとき,b が K 内の要素の p 乗でないとき,$x^p - b$ は K 内で既約であることを示せ.(K が 1 の p 乗根を含むときは,前問の特別な場合にすぎない.K に 1 の p 乗根が含まれていないときもなりたつのである.)

問題 13-3 K の標数を $p\,(>0)$ とする.$f(x) = x^p - x - a\,(a \in K)$ が K 内で既約のとき,次の問に答えよ.

(1) α が $f(x) = 0$ の 1 根ならば,$\alpha, \alpha+1, \cdots, \alpha+p-1$ が $f(x) = 0$ の根の全体である.

(2) $f(x)$ の分解体は K 上 p 次の正規拡大体であり,その自己同型群は巡回群である.

問題 13-4 K の標数を $p\,(>0)$ とする.E が K 上 p 次の正規拡大体のとき,次の問に答えよ.

(1) E の K 上の自己同型群 G は巡回群である.

(2) G の生成要素を σ とすると $\sum_{\nu=0}^{p-1} \sigma^\nu(\theta) \neq 0$ のような $\theta \in E$ が存在する.

(3) $b = \sum_{\nu=0}^{p-1} \sigma^\nu(\theta)$ とおき $\alpha = -\dfrac{1}{b} \sum_{\nu=0}^{p-1} \nu \sigma^\nu(\theta)$ とおくと,α

は次の条件をみたす．
$$\sigma^\nu(\alpha) = \alpha + \nu \quad (\nu = 0, 1, \cdots, p-1)$$
(4) $E = K(\alpha)$ であり，α は次の形の方程式をみたす．
$$x^p - x - a = 0 \quad (a \in K)$$

14. 正規底の存在

[概要] 正規底の存在定理を証明し，それを用いて中間体の基底の1つのつくり方を述べる．この節はあとの展開に関係しないので，後まわしにしてもよい．

次の定理は，ここでは K が無限個の要素を含む場合しか証明しないが，実は任意の体に対してなりたつものである．

定理33. E を K の正規拡大体とし，$\sigma_1, \sigma_2, \cdots, \sigma_n$ をその自己同型群 G の要素とする．すると E の要素 θ で，$\sigma_1(\theta), \sigma_2(\theta), \cdots, \sigma_n(\theta)$ が K に関して線形独立であるようなものが存在する．

証明 定理24の系によって，$E = K(\alpha)$ のような α が存在する．α の既約多項式を $f(x)$ とする．また $\sigma_i(\alpha) = \alpha_i$ とおき，さらに

$$g(x) = \frac{f(x)}{(x-\alpha)f'(\alpha)}$$

$$g_i(x) = \sigma_i(g(x)) = \frac{f(x)}{(x-\alpha_i)f'(\alpha_i)}$$

とおく．$g_i(x)$ は E 内の多項式であり，$k \neq i$ のときの α_k

を根にもち

$$g_i(x)g_k(x) \equiv 0 \pmod{f(x)} \quad (ただし\ i \neq k) \quad (1)$$

である．方程式

$$g_1(x)+g_2(x)+\cdots+g_n(x)-1 = 0 \quad (2)$$

をつくると，左辺の次数は高々 $n-1$ である．ところが $g_i(\alpha_i)=1, k \neq i$ のとき $g_k(\alpha_i)=0$ であるから，(2) は n 個の異なる値 $\alpha_1, \alpha_2, \cdots, \alpha_n$ に対してなりたつので，左辺は零多項式でなければならない．また，(2) に $g_i(x)$ をかけて (1) を用いると

$$(g_i(x))^2 \equiv g_i(x) \pmod{f(x)} \quad (3)$$

となる．

以上を用いて，次の行列式が 0 でないことが示される．

$$D(x) = |\sigma_i \sigma_k(g(x))| \quad i,k = 1,2,\cdots,n \quad (4)$$

それにはこの行列式の平方をつくり，それを転置行列ともとの行列との積の形にして列と列とがかけあわされるようにする．その結果を $f(x)$ を法として計算すると (1), (2), (3) により，主対角線上に 1 がならび，他の位置はすべて 0 になる．よって

$$(D(x))^2 \equiv 1 \pmod{f(x)}$$

であり，よってとくに $D(x) \neq 0$ であることがわかる．

(4) において，右辺の変数 x は，任意の自己同型写像によって不変である．よって (4) の式の x に，すべての自己同型写像によって不変な要素，すなわち体 K の要素を代入してよいことがわかる．

$D(x)$ は K の中に根を有限個もつにすぎない．a をこ

れらの根と異なるように K 内から選べば, $D(a) \neq 0$. このとき $\theta = g(a)$ とおく. すると
$$|\sigma_i \sigma_k(\theta)| \neq 0. \tag{5}$$

そこでいま $x_i \in K$ に対して
$$x_1 \sigma_1(\theta) + x_2 \sigma_2(\theta) + \cdots + x_n \sigma_n(\theta) = 0$$
であるとする. この式に任意の自己同型写像を行なった結果を考えると, n 個の未知数について n 個の式からなる同次連立方程式が得られる. その係数の行列式が (5) である. よってすべての $x_i = 0$ であり, $\sigma_1(\theta), \sigma_2(\theta), \cdots, \sigma_n(\theta)$ は K 上線形独立であることが証明されたことになる. (証明終り)

さてこのような要素 θ, すなわち G による像が正規底をつくるような θ を用いて, G の部分群 U に対応する中間体をいままでよりも簡単に求めることができる. E の任意の要素 α は一意的に次の形に表わされる.

$$\alpha = \sum_\sigma c_\sigma \sigma(\theta) \tag{6}$$

ここに σ は G の要素を動き, c_σ は K の要素である. α が U の不変体に属するための条件は, U 内のすべての τ に対して $\tau(\alpha) = \alpha$ となることである. τ を (6) に作用させ, σ を $\tau^{-1}\sigma$ でおきかえると, 次のようになる.

$$\tau(\alpha) = \sum c_{\tau^{-1}\sigma} \sigma(\theta)$$

よって α が不変体に属するとは, $c_{\tau^{-1}\sigma} = c_\sigma$ が U 内の任意の τ と G 内の任意の σ に対してなりたつことである.

σ を固定すると $\tau^{-1}\sigma$ は剰余類 $U\sigma$ 内を動く．よってここに得た条件は，各剰余類内で一定値をとるということを意味している．

ここで剰余類 $U\sigma$ 内のあらゆる自己同型写像による θ の像の和を $U\sigma(\theta)$ で表わすとする．すると $U\sigma_1, U\sigma_2, \cdots, U\sigma_j$ が剰余類の全体とすると，U の不変体は，次の形の要素全体からつくられていることがわかる．

$$\alpha = c_1 U\sigma_1(\theta) + c_2 U\sigma_2(\theta) + \cdots + c_j U\sigma_j(\theta)$$

ここに c_i は K の要素である．よって U の不変体を K 上のベクトル空間とみたとき，j 個の要素 $U\sigma_i(\theta)$ はその不変体を生成していることがわかる．

U が G の正規部分群の場合，$U\sigma_i = \sigma_i U$ であり，よって $U\sigma_i(\theta) = \sigma_i(U(\theta))$．これは $U(\theta)$ が不変体の正規底を与えることを意味している．

15. 推進定理

［概要］合成体の自己同型群について扱う．これは第 3 章の 2 節の準備である．

K を体とし，$p(x)$ を K 内の分離多項式，E を $p(x)$ の 1 つの分解体とする．また B を K の任意の拡大体とする．$p(x)$ を B 内の多項式とみたとき，$p(x)$ の分解体を EB で表わす．$p(x)$ の EB 内での根を $\alpha_1, \alpha_2, \cdots, \alpha_s$ とすると，

$$K(\alpha_1, \alpha_2, \cdots, \alpha_s)$$

は EB の部分体であり，$p(x)$ の K 上の 1 つの分解体で

ある.定理10の系によってEと$K(\alpha_1, \alpha_2, \cdots, \alpha_s)$は同型である.よってこのあと$E = K(\alpha_1, \alpha_2, \cdots, \alpha_s)$とおき,$E$を$EB$の部分体であるとしても一般性を失うことはない.またさらに

$$EB = B(\alpha_1, \alpha_2, \cdots, \alpha_s)$$

である.すなわちEBはEとBを含む最小の体である.この体はEとBの合成体とよばれ,EBのように表わしたのもそのためである.

EとBの両方に属する要素の集合を$E \cap B$で表わす.容易にわかるように,$E \cap B$は体であり,KとEの中間体である.

定理 34.(推進定理) GをEのK上の自己同型群とし,EBのB上の群をHとする.するとHは,$E \cap B$を不変体にもつGの部分群に同型である.

証明 σをHの要素とする.σは体Bを不変にし,したがってまた体Kを不変にする.σによって体EはEB内に同型に写像され,定理17によって,この写像はGのある要素$\bar{\sigma}$とみなしてよいので,σをEに限るときは$\bar{\sigma}$で表わすことにする.$\bar{\sigma}$を知ればEの生成要素α_iのσによる像を知ることができる.α_iはEBのB上の生成要素でもあるので,σのEBにおける働きが知られたことになる.よってσに$\bar{\sigma}$を対応させるのは,HからGの中への一対一の写像である.Hの2要素の積$\sigma\tau$が積$\bar{\sigma}\bar{\tau}$に対応することも明らかである.よってこれはHからG

内への同型写像である.そこでさらに,H の G 内への像を $\bar{H}$ とし,$\bar{H}$ の不変体についてしらべる.$\bar{H}$ の不変体は $\bar{H}$ の任意の要素 $\bar{\sigma}$ によって不変な E の要素 α から構成されているが,これは H の任意の要素 σ によって不変な要素といってもよい.H の EB 内での不変体が B であるから,$\bar{H}$ の不変体はまさに $E \cap B$ である. (証明終り)

第3章 応　用

1. 群論からの追加

［概要］次の第2節のための群論部分であり，可解群に対する次の2つの結果を示す．
1. 可解群の部分群は可解群である．
2. 可解群の準同型像は可解群である．

M, M' を集合とする．f を M から M' 内への写像とし，A を M の部分集合とするとき，A の要素 a の像 $f(a)$ 全体のつくる集合を $f(A)$ で表わし，A の像という．B を M' の部分集合とするとき，$f(m)$ が B に属するような M の要素 m 全体の集合を $f^{-1}(B)$ で表わし，B の逆像という．f は M から M' の上への写像とは限らないので，空でない B に対しても $f^{-1}(B)$ が空集合となることは起こり得る．また，集合 A_1 と A_2 の共通集合を $A_1 \cap A_2$ で示し，A_1 と A_2 の和集合を $A_1 \cup A_2$ で示す．また "a が A の要素である" ということを $a \in A$ で示すことにする．

さて G と G' を2つの群とし，f を G から G' 内への写像とする．f が G から G' 内への準同型写像であるとは，すべての $\sigma, \tau \in G$ に対して $f(\sigma\tau) = f(\sigma)f(\tau)$ とな

ることである．容易に $f(1)=1, f(\sigma^{-1})=(f(\sigma))^{-1}$ を示すことができる．とくに f が G' の上への一対一の写像のとき，f を G' の上への同型写像という．

N' を G' の部分群とするとき，逆像 $N=f^{-1}(N')$ は G の部分群である．まず $\sigma, \tau \in N$ とすると $f(\sigma), f(\tau) \in N'$ であり，$f(\sigma\tau)=f(\sigma)f(\tau) \in N'$ となって，$\sigma\tau \in N$ となる．同じようにして $\sigma \in N$ から $\sigma^{-1} \in N$ が得られる．

N' が G' の正規部分群とすると，逆像 N は G の正規部分群である．事実，$\sigma \in G, \tau \in N$ とすると

$$f(\sigma\tau\sigma^{-1})=f(\sigma)f(\tau)f(\sigma)^{-1} \in f(\sigma)N'(f(\sigma))^{-1}=N'$$

となり，$\sigma\tau\sigma^{-1} \in N$ となる．

G の部分群 N の像 N' が，G' の部分群であることを同様の方法で示すことができる．次に N が G の正規部分群で，f が G' の上への写像であるとする．すると $\sigma' \in G', \tau' \in N'$ に対して $f(\sigma)=\sigma', f(\tau)=\tau'$ のような $\sigma \in G, \tau \in N$ が存在する．$\sigma\tau\sigma^{-1} \in N$ だから，これを f で写像して，$\sigma'\tau'\sigma'^{-1} \in N'$ となる．よってこの場合 N' は G' の正規部分群である．

G' の単位要素は G' の正規部分群の1つであるから，その逆像 K は G の正規部分群である．K を準同型写像 f の核という．f の核は $f(k)=1$ のような G の要素 k によって構成されている．次に写像 f によって同じ像をもつ G の要素を考える．$f(\sigma)=f(\tau)$ は $f(\sigma\tau^{-1})=1$ と同値であり，したがって $\sigma\tau^{-1} \in K$，さらには $\sigma \in K\tau=\tau K$ であることを意味する．よって K を法とする各剰余類

内の要素が，それぞれ同じ像をもっていることがわかる．そこで各剰余類 σK に，その類内の要素の共通の像 $f(\sigma) \in f(G)$ を対応させる．するとこの対応は，商群 G/K から G の像 $f(G)$ の上への一対一の写像を定める．この写像が準同型写像であることも容易にわかる．一対一の写像であることとあわせて，この写像は G/K から $f(G)$ の上への同型写像である．

最後に，G の正規部分群 N はすべてある準同型写像の核となりうることを示そう．それには G から商群 G/N の上への写像を $f(\sigma) = \sigma N$ によって定めればよい．こう定めると f は各要素を，その要素が属する剰余類に対応させる写像であり，準同型写像であることが容易にわかる．G/N の単位要素は N であるから，この単位要素の逆像は集合 N であり，よって N はこの写像 f の核である．この写像を G の G/N 上への自然準同型写像という．

定理 35. f を G から G' の上への準同型写像とし，N を G の正規部分群，$N' = f(N)$ とする．すると自然な意味で f は G/N から G'/N' の上への準同型写像 g を引き起こす．とくに $N = f^{-1}(N')$ であれば，この準同型写像は同型写像である．

証明 剰余類 σN の g による像を $g(\sigma N) = f(\sigma) N'$ と定める．まず g が準同型写像であることが容易にわかる．G/N が G'/N' の上に写像されることは，f が上への写像であることからわかる．次に xN が核に属するのは，

$f(x)N'=N'$ のとき,したがって $f(x)\in N'$ のときであり,さらに $x\in f^{-1}(N')$ のときである.そこで $f^{-1}(N')=N$ であれば $x\in N$ すなわち $xN=N$ でなければならない.よってこのときは,われわれの準同型写像の核は,G/N の単位要素であるので,この準同型写像は同型写像である. (証明終り)

定理 36. H を G の部分群とし,N を G の正規部分群とする.すると $H\cap N$ は H の正規部分群であり,商群 $H/(H\cap N)$ は HN/N に同型である[*].

証明 f を G から G/N の上への自然準同型とする.f を部分群 H に限定すると,H から G/N の中への準同型写像 g が得られる.像 $g(H)$ は $\sigma\in H$ による剰余類 σN の全体であり,商群 HN/N である.g の核は $H\cap N$ である.よって $H\cap N$ は H の正規部分群で,商群 $H/H\cap N$ は準同型写像 g による H の像に同型である. (証明終り)

系 G, H および N は定理 36 と同じ意味とする.G/N がアーベル群ならば $H/H\cap N$ もまたアーベル群である.

定義 群 G が**可解**であるとは,G の部分群の減少列
$$G=G_0\supset G_1\supset G_2\supset\cdots\supset G_s=1$$

---

[*] $HN=\bigcup_{\sigma\in H}\sigma N$ である.G の部分群 H, N に対し,N がとくに正規部分群ならば HN は G の部分群である.[訳者注]

が存在して, G_i は G_{i-1} の正規部分群であり, $i=1,2,\cdots,s$ に対して商群 G_{i-1}/G_i がアーベル群であることをいう.

定理 37. 可解群の部分群は可解である.

証明 G を可解群とし, G_i を G に属する部分群の減少列とする. H を G の部分群とし, $H_i = H \cap G_i$ とおく. すると

$$H_{i-1} \cap G_i = H \cap G_{i-1} \cap G_i = H \cap G_i = H_i$$

である. また G_i は G_{i-1} の正規部分群であり, H_{i-1} は G_{i-1} の部分群である. そして G_{i-1}/G_i はアーベル群であるから, 定理 36 の系により

$$H_{i-1}/H_{i-1} \cap G_i$$

もまたアーベル群である. ところがこのあとの群は H_{i-1}/H_i にほかならない. よって H は部分群の減少列 H_i をもつので可解である. (証明終り)

定理 38. 可解群の準同型な像は可解である.

証明 G を可解群とし, G_i を G に属する正規部分群列とする. f を準同型写像とし, $f(G) = G'$ とする. このとき $G'_i = f(G_i)$ が G' に属する部分群の減少列であることを証明しよう. まず f を G_{i-1} に限定すると, 群 G_{i-1} から群 G'_{i-1} の上への準同型写像が得られる. このとき G_i は G_{i-1} の正規部分群であり, G'_i はその像である. よって定理 35 により, この準同型写像から, G_{i-1}/G_i から G'_{i-1}/G'_i の上への準同型写像が引き起こされる. と

ころが G_{i-1}/G_i はアーベル群であり，容易にわかるように，アーベル群の準同型写像はアーベル群であるから G'_{i-1}/G'_i もアーベル群である． (証明終り)

さてここで素数の累乗 p^n を位数にもつ群はすべて可解であることを証明しよう．その証明のためには，群論におけるもう1つの概念を用いなければならない．

G を群とする．G の要素 a が G の要素 b に**共役**であるとは，$b = xax^{-1}$ となるような $x \in G$ が存在することをいう．容易にわかるように，各要素はそれ自身に共役である．また a が b に共役ならば b は a に共役である．そして最後に，a が b に，b が c に共役ならば a が c に共役である．すなわちこの共役という概念に対していわゆる同値律のなりたつことがわかる．よって群 G を互いに共通な要素を含まない類に類別し，同じ類の要素は互いに共役であり，異なる類の要素は共役でないようにすることができる．このとき，ただ1つの要素 a だけから構成された類もある．このようなことが起こるための条件は，すべての $x \in G$ に対して $xax^{-1} = a$ となることである．この条件は $xa = ax$ を意味し，a がすべての $x \in G$ と可換ということである．容易にわかるように，このような要素 a の集合 Z は G のアーベルな部分群であり，G の**中心**とよばれる．Z は G のすべての要素と可換であるから，Z は G の1つの正規部分群である．

$a \in G$ とする．a と共役な要素のすべてを得るには，x が G の要素を動くときの xax^{-1} の全体を求めればよい．

この際，異なる x が同一の共役要素をつくることが起こり得る．等式 $xax^{-1} = yay^{-1}$ は
$$(y^{-1}x)a = a(y^{-1}x),$$
すなわち要素 a が $y^{-1}x$ と可換であることと同値である．いま a と可換な z 全体の集合を N_a とすると，上の等式は $y^{-1}x \in N_a$，すなわち $x \in yN_a$ を意味する．ところが容易にわかるように N_a は G の部分群である．よって剰余類 yN_a に属する要素 x が，a を同じ共役な要素に移すものであることがわかる．a の相異なる共役の個数，すなわち a の属する共役類に属する要素の個数は，N_a の剰余類の個数に等しい．

いま G を位数 n の有限群とする．すると各共役類に属する要素の個数は n の約数であることがわかる．共役類の全体は群 G を覆うので，各共役類に含まれる要素の個数の総和は n に等しい．中心の位数を z とすると，要素が 1 個しかない共役類は全部で z 個である．以上から次の形の式を得る．
$$n = z + d_1 + d_2 + \cdots$$
ここで d_i は 1 と異なる n のある約数である．いま $n = p^r$ としよう．ただし $r \geq 1$ で p は 1 つの素数とする．すると n ばかりでなく d_i はすべて p で割りきれるので，z は p で割りきれる．これは中心 Z が群 G の自明でない部分群であることを意味している．

こうなれば，このような群の可解性はもはや群の位数に関する数学的帰納法によって容易に示すことができ

る．位数が1の群はアーベル群であり，したがって可解群である．商群 G/Z は n より小さい素数の累乗を位数にもつので，その可解性はすでに示されたとしてよい．この可解性を示す G/Z の部分群列を G_i/Z とする．f を G_{i-1} から G_{i-1}/Z 上への自然準同型とする．$G_i/Z = N'$ は G_{i-1}/Z の正規部分群であり，アーベルな商群をもち，その f による逆像は G_i である．よって G_i は G_{i-1} の正規部分群であり，その f による像が N' になっている．すると定理35により，商群 G_{i-1}/G_i は G_{i-1}/Z の G_i/Z による商群と同型であり，したがってアーベルである．G_i の最後は Z であり，Z はアーベル群であるから，この列の最後にさらに1をつけると，G の可解性を示す降鎖列が得られたことになる．

以上のようにして次が得られた．

定理39. 素数の累乗を位数にもつ群は可解である．

逆に今度は，可解でない1つの群にふれなければならない．

M を有限集合とし，φ を M のそれ自身への一対一の写像とする．このような写像を M の**置換**という．φ, ψ を2つの M の置換とすると合成写像 $\varphi\psi$ や逆写像 φ^{-1} もまた置換である．写像の合成が結合法則をみたすことは明らかなので，M の置換は1つの群をつくる．M の要素の個数を n とするとき，この群を n 個の要素の**対称群**といい S_n で表わす．この群の位数は $n!$ である．S_n の部

分群を置換群という．a, b, c を M の互いに異なる要素とするとき，a を b に，b を c に，c を a に写像し，M の他の要素を固定したままにしておく置換を記号 (a, b, c) で表わす．(a, b, c) を3次の巡回置換という．$(a, b, c)^{-1} = (c, b, a)$ である．

ここで次の結果を証明しよう．

補題 G を少なくとも5要素の置換群とし，3次の巡回置換をすべて含むものとする．N を G の正規部分群で，アーベルな商群をもつとする．すると N もまた3次の巡回置換をすべて含む．

証明 f を G から G/N の上への自然準同型，(a, b, c) を任意の3次の巡回置換とする．M から a, b, c 以外の要素 d, e を選び，$x = (d, b, a), y = (a, e, c)$ とおく．x, y の f による像を x', y' とすると，$x^{-1} y^{-1} x y$ の f による像は $x'^{-1} y'^{-1} x' y'$ である．像はアーベル群であるから $x'^{-1} y'^{-1} x' y'$ は1である．よって $x^{-1} y^{-1} x y$ は f の核 N に含まれる．ところが

$$x^{-1} y^{-1} x y = (a, b, d)(c, e, a)(d, b, a)(a, e, c) = (a, b, c)$$

(証明終り)

定理40. $n \geq 5$ のとき，対称群 S_n は可解でない．

証明 S_n にはじまり，アーベルな商群をもつ正規部分群列があったとする．S_n は3次の巡回置換をすべて含むので，補題により，この降鎖列の各群は，3次の巡回置換

のすべてを含まねばならない．よってこの降鎖列は群 1 で終ることができない． (証明終り)

問題 1-1 (1) $i_1 \to i_2, i_2 \to i_3, \cdots, i_m \to i_1$ のように相異なる m 個の文字 $i_1, i_2, \cdots, i_m$ を順に次の文字に写像し，他の文字を動かさない写像を m 次の巡回置換といい $(i_1 \ i_2 \ \cdots \ i_m)$ で表わし，とくに $m=2$ のときの $(i_1 \ i_2)$ を互換という．1 以外の任意の置換を巡回置換の積に表わすにはどうすればよいか．また任意の巡回置換は互換の積に表わされることを示せ．

(2) 次の置換を巡回置換の積になおせ．また互換の積になおせ．

$$\begin{pmatrix} 1 & 2 & 3 & 4 & 5 & 6 & 7 \\ 2 & 3 & 1 & 4 & 6 & 7 & 5 \end{pmatrix}$$

問題 1-2 置換 σ を，$\sigma = \rho_1 \rho_2 \cdots \rho_r$ のように，共通な文字を含まない m_i 次の巡回置換 ρ_i の積になおすとき，σ の位数は $m_1, m_2, \cdots, m_r$ の最小公倍数 M に等しいことを示せ．

問題 1-3 (1) 置換を互換の積で表わすとき，その互換の個数 r は $\bmod 2$ で一定であることを証明せよ．

(2) $n \geqq 2$ のとき，r が偶数であるような置換の全体 A_n は対称群 S_n の指数 2 の正規部分群であることを示せ（この部分群を n 次の交代群という）．

問題 1-4 (1) 対称群 S_2, S_3 の部分群を調べ，可解であることを示せ．

(2) 可換群は可解群である．その理由を述べ，逆の成立しないことを例で示せ．

問題 1-5 次のおのおのを証明せよ．

(a) G がアーベル群で N がその部分群ならば G/N もまたアーベル群である．

(b) N が群 G の正規部分群のとき，G/N がアーベル群であるための条件は，任意の $x, y \in G$ に対して $x^{-1}y^{-1}xy \in N$ となることである．

問題 1-6 4次の対称群 S_4 は可解であることを示せ．

問題 1-7 $n \geq 3$ のとき n 次の交代群 A_n は3次の巡回置換で生成されることを証明せよ．

2. 方程式の累乗根による可解性

[概要] この節で，ガロアの理論における自己同型群の役割が明瞭になる．すなわち次が証明される．

"$f(x)$ が累乗根で解けるために必要十分な条件は，そのガロア群 G が可解なることである．"

ここでは一般の標数のままで考えると難しくなるので，標数 0 の体に限定する．

K を体とし，K_i を体の増加列で最終の体が F であるものとする．すなわち

$$K = K_0 \subset K_1 \subset K_2 \subset \cdots \subset K_s = F$$

K の拡大体 F が**累乗根による拡大体**であるとは，$i = 1, 2, \cdots, s$ に対して $K_i = K_{i-1}(\alpha_i)$ であり，α_i が $x^{n_i} - a_i$ の形の K_{i-1} 内の多項式の根であることをいう．

拡大体 F が**準アーベル拡大体**であるとは，K_{i-1} の上で K_i が正規であり，その自己同型群がアーベル群であることをいう．また，K_i は K_{i-1} の**アーベル拡大**であるという．

補題 1. K の累乗根による拡大体 F はある準アーベル

拡大体に含まれる．

証明 F を K の累乗根による拡大体とし，これに属する体の列を K_i とする．また n_i の最小公倍数を m とし，K_i に 1 の原始 m 乗根 ε を付加して次のような体の列をつくる．

$$K = K_0 \subset K_0(\varepsilon) \subset K_1(\varepsilon) \subset \cdots \subset K_s(\varepsilon) = F(\varepsilon)$$

定理 27 によって，K_0 上 $K_0(\varepsilon)$ の自己同型群はアーベルである．また体 $K_i(\varepsilon)$ は $K_{i-1}(\varepsilon)$ に α_i を付加して得られ，$K_{i-1}(\varepsilon)$ は 1 の原始 n_i 乗根を含んでいるので，定理 32 により，$K_{i-1}(\varepsilon)$ の上で $K_i(\varepsilon)$ の自己同型群は巡回群である．よって $F(\varepsilon)$ は K の準アーベルな拡大体であり，F はその $F(\varepsilon)$ に含まれている． （証明終り）

補題 2. F_1 と F_2 はいずれも K の準アーベルな拡大体で，K のある共通の拡大体に含まれているとする．すると F_1, F_2 の合成体 $F_1 F_2$ もまた K の準アーベルな拡大体である．

証明

$$K = K_0 \subset K_1 \subset \cdots \subset K_s = F_1$$
$$K = K_0' \subset K_1' \subset \cdots \subset K_t' = F_2$$

を F_1, F_2 に属する体の列とする．ここで次の列をつくる．

$$K = K_0 \subset K_1 \subset \cdots \subset K_s$$
$$= F_1 K_0' \subset F_1 K_1' \subset \cdots \subset F_1 K_t' = F_1 F_2$$

K_i は仮定により K_{i-1} 上アーベルである．そこで $F_1 K_i'$

が $F_1K'_{i-1}$ 上アーベルであることをみなければならない. 仮定から K'_i は K'_{i-1} 上アーベルである. また $F_1K'_{i-1}$ は K'_{i-1} の拡大体であり,これと K'_i との合成体が $F_1K'_i$ である.そこで定理34により $F_1K'_i$ は $F_1K'_{i-1}$ の正規拡大体であり,その自己同型群は K'_i の K'_{i-1} 上の自己同型群のある部分群に同型である.よって $F_1K'_i$ は $F_1K'_{i-1}$ 上アーベルであり,F_1F_2 は K 上準アーベル拡大体であることがわかる. (証明終り)

補題3. F を K の準アーベル拡大体とする.すると,F を含む K 上の正規な準アーベル拡大体が存在する.

証明 F は K 上で分離的であるから,F を含むある正規拡大体 Ω が存在する.K 上 Ω のすべての自己同型写像による F の像を $F_1, F_2, \cdots, F_e$ とし,これらの合成体を $\Omega_0 = F_1F_2\cdots F_e$ とする.F と同じように,これらの F の像もすべて準アーベルであり,補題2によって Ω_0 も K の準アーベル拡大体であり,しかも F を含む.よってあとは,Ω_0 が K の正規拡大体であることを示しさえすればよいことになる.まず,Ω 内での Ω_0 の任意の K 上の同型写像は Ω の自己同型写像 σ によって引き起こされる.ところが σ は F_i の順序をかえるだけであり,よって Ω_0 はそれ自身に写像される.このように Ω 内での Ω_0 の同型写像は自己同型写像である.よって Ω_0 は K の正規拡大体である.

定義 $f(x)$ を K 内の既約多項式とする．多項式 $f(x)$ が累乗根で解けるとは，K の累乗根による拡大体が存在して，$f(x)$ がそこで根を1つもつことを言う．

定理41. $f(x)$ を K 内の既約多項式，E を $f(x)$ の分解体とし，G をその自己同型群とする．このとき $f(x)$ が累乗根で解けるための必要十分な条件は，群 G が可解なることである．そしてそのとき $f(x)$ を1次関数に分解させるような K の累乗根による拡大体が存在する．

証明 1. $f(x)$ が累乗根で解けるならば，K の累乗根による拡大体が存在して，$f(x)$ の1根 α を含む．補題1と3により，K の正規な準アーベル拡大体 Ω_0 が存在して，$f(x)$ の根 α はそれに属する．定理15の系により，$f(x)$ は Ω_0 において1次因数に分解される．よって Ω_0 は $f(x)$ の分解体 E' を含む．K 上 Ω_0 の自己同型群は可解であり，K 上 E' の自己同型群はその準同型な像であるから，定理38によって可解である．E は $f(x)$ のはじめから与えられた分解体であるから E と E' は同型であり，したがって同型な自己同型群をもっているので，G は可解である．

2. $f(x)$ の分解体 E の自己同型群 G が可解とする．n を G の位数とする．ε を1の原始 n 乗根とし，
$$K' = K(\varepsilon)$$
とする．明らかに K' は K の累乗根による拡大体である．体

$$E' = EK'$$

は $f(x)$ の K' 上の分解体であり，K' 上 E' の自己同型群 G' は，定理34により G のある部分群に同型であり，したがって定理37によって G' も可解である．いま

$$G' = G_0 \supset G_1 \supset G_2 \supset \cdots \supset G_s = 1$$

をアーベルな商群をもつ正規部分群列とする．これらに対応する E' の不変体は次のような増加列となる．

$$K' = K'_0 \subset K'_1 \subset K'_2 \subset \cdots \subset K'_s = E'$$

すると E' は K'_{i-1} の正規拡大体であり，その自己同型群は G_{i-1} である．G_i は G_{i-1} の正規部分群であるから K'_i は K'_{i-1} の正規拡大体であり，その自己同型群 G_{i-1}/G_i はアーベルである．K'_{i-1} は1の原始 n 乗根を含むので K'_i は K'_{i-1} 上のクンマー拡大であり，よっていくつかの累乗根を付加して得られる．すなわち K'_i は K'_{i-1} の累乗根による拡大体である．全体として，E' は K の累乗根による拡大体であり，$f(x)$ はその中で1次因数のみに分解している．

3. 方程式のガロア群

[概要] この節は2つの部分に分かれる．

その1つは定理43の"アーベルの定理"である．アーベルの定理とは，

5次以上の一般方程式は累乗根で解けない

ということであり，これは前節までの準備（とくに定理40, 41）のもとで証明される．

もう1つの部分は，素数次の既約方程式の可解性に関する性質であり，そのために線形群の考えをとりあげる．

この節では扱う体の標数はもとどおり任意でよい．

K を体とし $f(x)$ を K 内の多項式で重根をもたないとし，E を $f(x)$ の分解体，さらに
$$f(x) = (x-\alpha_1)(x-\alpha_2)\cdots(x-\alpha_n)$$
を $f(x)$ の E 内での分解とする．すると $\alpha_1, \alpha_2, \cdots, \alpha_n$ は E の生成要素である．K 上 E の自己同型群を G とすると，すでに注意したように，G の要素 σ はそれが $\alpha_1, \alpha_2, \cdots, \alpha_n$ にどう作用するかで完全に定まる．ところが σ は $\alpha_1, \alpha_2, \cdots, \alpha_n$ をそのならべかえに写像するので，G は n 個の要素の集合の1つの置換群と考えてよい．簡単のために，G は α_i の添数 i の置換群と考え，文字 $1, 2, \cdots, n$ をならべかえるものとしてよい．群 G を $f(x)$ の K 上の**ガロア群**とよぶ．

さてここで，多項式 $f(x)$ を既約に限っているわけではない．$p(x)$ を $f(x)$ の1つの既約因子とする．G の要素 σ は $p(x)$ の根を $p(x)$ の他の根に移す．また α_i と α_j を $p(x)$ の2根とすると，$K(\alpha_i)$ と $K(\alpha_j)$ は同型であり，この同型写像は G のある要素に延長される．$f(x)$ の根の順番をつけなおして，$\alpha_1, \alpha_2, \cdots, \alpha_r$ が $p(x)$ の根であるようにする．すると G の要素は番号 $1, 2, \cdots, r$ をその中で動かし，しかもこの r 個の文字の任意の文字を他の任意の文字に移す G の要素が存在する．文字 $1, 2, \cdots, n$ の部分集合でこの性質をもつものを，G の**可遷領域**という．

$f(x)$ の各既約因子に対応して，文字 $1, 2, \cdots, n$ を共通な文字を含まない可遷領域に分解することができる．そこで置換群 G を知るならば $f(x)$ の K 内での既約因子の次数を知ることができる．また $f(x)$ が既約であるための必要十分条件は，文字 $1, 2, \cdots, n$ 全体が G の可遷領域となることである．このとき置換群 G は**可遷群**であるとよばれる．U を G の部分群，B をその不変体とし，$f(x)$ を B 内の多項式とみたとき，U は $f(x)$ の B 上のガロア群である．U の可遷領域は $f(x)$ の B 内の既約因子に対応する．

$f(x)$ が K 内で既約とすると，G は可遷である．U を G の正規部分群とすると，B は K の正規拡大体である．$p(x)$ を $f(x)$ の B 内での既約因子とする．σ を G の要素とすると，σ は B の自己同型写像を引き起こす．像 $\sigma(p(x))$ もまた $f(x)$ の B 内での既約因子である．ところが G は可遷であるから，$p(x)$ の 1 根を $f(x)$ の任意の他の根に移す $\sigma \in G$ が存在する．よって $f(x)$ の B 内での任意の既約因子は $\sigma(p(x))$ の形をしている．したがって U の可遷領域はすべて同じ長さをもっている．そのため n が素数であれば，U も可遷であるか，さもなくばすべての可遷領域の長さが 1 となり，U は単位群となる．

以上の結果は後で用いるので，ここでまとめておこう．

定理 42. q を素数とし，G を文字 $1, 2, \cdots, q$ の可遷な置換群とする．すると G の 1 以外の正規部分群はすべて可

遷である*).

定義 k を体, $u_1, u_2, \cdots, u_n$ を独立な変数とし, $K = k(u_1, u_2, \cdots, u_n)$ を k 内に係数をもつ $u_1, u_2, \cdots, u_n$ の有理関数の全体のつくる体とする. K 内の多項式
$$f(x) = x^n + u_1 x^{n-1} + \cdots + u_n$$
を k 上 n 次の**一般多項式**と名付ける.

ここで n 次の一般多項式のガロア群を決定しよう. $f(x)$ の分解体を E' とし, E' の中で $f(x)$ が次のように分解しているとする.
$$f(x) = (x-\xi_1)(x-\xi_2)\cdots(x-\xi_n)$$
u_i は ξ_j の多項式である. すなわち u_i は根 ξ_j のうちの異なる i 個の積全体の和に $(-1)^i$ をかけたものである. 一方また, われわれは第 2 章 7 節において次の例を扱った. すなわち, $x_1, x_2, \cdots, x_n$ を n 個の独立変数とし, $E = k(x_1, x_2, \cdots, x_n)$ と次の多項式をつくった.
$$g(x) = (x-x_1)(x-x_2)\cdots(x-x_n)$$
$$= x^n + a_1 x^{n-1} + \cdots + a_n$$
そして体 E において $n!$ 個ある x_i の順列の全体をとりあげ, その不変体が $k(a_1, a_2, \cdots, a_n)$ であることを示した.

さて, ξ_j から u_i が得られるのと同じ方法で x_j から a_i が得られる. (これら対称式の式の形自体はこのあと必要

---

*) ここでは G がある方程式のガロア群である場合のみ証明しているが, このあとで示されるように任意の有限群はある方程式のガロア群になることができる. [訳者注]

ではない．) $\varphi(u_1, u_2, \cdots, u_n)$ を k 内に係数をもつ u_i の多項式とし，$u_i = a_i$ とおくと 0 になるものとする．すなわち，等式 $\varphi(a_1, a_2, \cdots, a_n) = 0$ がなりたつものとする．この等式の a_i に a_i を x_i で表わした式を代入すると，x_i についての 1 つの等式が得られ，$x_1, x_2, \cdots, x_n$ は独立変数なので，その等式は各項ごとに簡約すると 0 になる．そこでこの x_i の等式において，x_i に ξ_i を代入しても各項ごとに 0 になるはずである．ところがこうして得られた式は，はじめの a_i を u_i でおきかえた式にほかならないので，はじめの多項式 $\varphi(u_1, u_2, \cdots, u_n)$ が 0 でなければならないことになる．

以上から異なる多項式 $\varphi(u_1, u_2, \cdots, u_n)$ は異なる値 $\varphi(a_1, a_2, \cdots, a_n)$ をもつことが示された．各多項式 $\varphi(u_1, u_2, \cdots, u_n)$ に，その値 $\varphi(a_1, a_2, \cdots, a_n)$ を対応させると，u_i の多項式から a_i の多項式の上への一対一の対応が得られる．体 K は u_i の多項式の商から構成され，体 $k(a_1, a_2, \cdots, a_n)$ は a_i の多項式の商から構成されている．以上によって，k の要素を固定し，u_i を a_i に写像する K から，$k(a_1, a_2, \cdots, a_n)$ の上への同型写像が得られたことになる．

このとき前にあげた多項式 $f(x)$ の像は，前にあげた多項式 $g(x)$ である．そこで定理 10 によって，この同型写像は E と E' の間の同型写像に延長される．このとき根の順番を適当にいれかえて，$f(x)$ の根 ξ_i は $g(x)$ の根 x_i に写像されるとしてよい．

さて，$k(a_1, a_2, \cdots, a_n)$ は対称群 S_n の不変体であった．いま示した同型写像を用いて，次のアーベルの有名な定理を得る．

定理 43． k 上 n 次の一般多項式のガロア群は，対称群 S_n である．k が標数 0 で $n \geq 5$ ならば，n 次の一般方程式は累乗根で解けない．

この定理の最後の部分は定理 40 と 41 から得られる．

次に，任意に与えられた置換群はある方程式のガロア群になれるか，という問題をとりあげよう．これは基礎体を適当にとれば実際に可能である．それを示すにはまず，G を n 文字のある置換群，$f(x)$ を k 上 n 次の一般多項式とし，K と E' を上のようにつくる．すると G は S_n の部分群であるから，G の不変体を B とし $f(x)$ を B 上の多項式とみれば，G は $f(x)$ のガロア群である．

任意の有限群は置換群とみることができるので，基礎体を適当にとると，与えられた抽象群を自己同型群にもつ正規拡大体の存在がわかる．基礎体を指定して，たとえば有理数体上でこのような正規拡大体が存在するかという問題にすると，これは未解決の問題である．

K を任意の体とし，$f(x)$ を素数次数 q の K 内の既約多項式で，そのガロア群は可解とする．このときの G の構造は非常に簡単である．まず G は可解であることから正規部分群列

$$G = G_0 \supset G_1 \supset G_2 \supset \cdots \supset G_s = 1$$

が存在して，相続く2つの群による商群はアーベルである．とくに G_{s-1} 自身はアーベルである．G_{s-1} の部分群はすべて G_{s-1} の正規部分群であり，1と異なる群は自明でない巡回群を含むので，上の群列に必要とあればもう1つ群を追加して G_{s-1} を $\neq 1$ のような巡回群であるとしてよい．G_{s-1} の生成要素を σ とする．群 G は可遷であるから，定理42により，各 G_i，とくに G_{s-1} は可遷である．σ の累乗が G_{s-1} を埋めつくし，G_{s-1} が可遷であることから，それらは文字1を他のすべての文字に移さねばならない．また，もし $\sigma^i(1) = \sigma^j(1)$ ならば $\sigma^{i-j}(1) = 1$ でなければならない．そこで $\sigma^d(1) = 1$ となる正の最小の整数を d とすると $1, \sigma(1), \sigma^2(1), \cdots, \sigma^{d-1}(1)$ は互いに異なり，1が σ の累乗で移りうる文字すべてを表わす．そこで G_{s-1} が可遷であることから $d = q$ でなければならない．必要とあれば文字の順序をいれかえて，文字 $1, 2, \cdots, q$ がちょうど $1, \sigma(1), \sigma^2(1), \cdots, \sigma^{q-1}(1)$ になるようにする．すると $i \leq q-1$ のときは $\sigma(i) = i+1$ であるが，$\sigma^q(1) = 1$ によって $\sigma(q) = 1$ となる．そこでこれらの q 個の文字を剰余体 Q_q の要素におきかえてみると，すべての文字 x に対して $\sigma(x) = x+1$ となって都合がよい．こうすると $\sigma^i(x) = x+i$ となることも容易にわかる．

a, b を Q_q の2つの要素で $a \neq 0$ とするとき，$\phi(x) = ax + b$ は Q_q から Q_q 自身の上への一対一の写像であり，よって Q_q における1つの置換を与える．

定義 Q_q における置換群が線形であるとは，この群に属する置換はすべて，ある $a,b \in Q_q, a \neq 0$ による $\tau(x) = ax+b$ の形の置換となっていて，しかも特別な置換 $\sigma(x) = x+1$ を含んでいることをいう．

$a \neq 0, 1$ とし $\tau(x) = ax+b$ とする．すると $\tau^2(x) = a^2x + ab + b$ であり，帰納的に
$$\tau^i(x) = a^i x + (a^{i-1} + a^{i-2} + \cdots + 1)b$$
となる．$a \neq 1$ であるから，これは次の形に書くことができる．
$$\tau^i(x) = a^i x + \frac{a^i - 1}{a - 1} b$$
a は $a \neq 0$ のような Q_q の要素であるから $a^{q-1} = 1$ であり，したがって $\tau^{q-1}(x) = x$ となる．よって τ の位数は，$q-1$ の約数であり，$a^i = 1$ となる最小の i に一致することがわかる．

よって線形群において位数が q の要素は，1以外の σ の累乗のみである．ここに σ とは $\sigma(x) = x+1$ のような置換であった．

補題 q を素数とし，H を q 個の文字の置換群とし，H の正規部分群 N が線形であるとする．すると H 自身も線形である．

証明 N は置換 σ を含む．τ を H の任意の置換とすると，$\tau \sigma \tau^{-1}$ も N の要素であり，位数は q である．よって

$\tau\sigma\tau^{-1}$ は，1と異なる σ の累乗であり，q で割りきれないある a を用いて $\tau\sigma\tau^{-1}=\sigma^a$ となる．よって $\tau\sigma=\sigma^a\tau$ となり，Q_q の要素 y に対して $\tau\sigma(y)=\sigma^a\tau(y)$ となる．これから

$$\tau(y+1) = \tau(y)+a$$

となる．するとさらに

$$\tau(y+2) = \tau(y)+2a$$

一般には

$$\tau(y+x) = \tau(y)+ax$$

となるので，$y=0, b=\tau(0)$ とおくと $\tau(x)=ax+b$ となる．よって H は線形である． (証明終り)

定理 44. 素数次の既約方程式のガロア群 G が可解ならば，G は線形である．

証明 群 G_{s-1} は σ の累乗からできているので線形である．G の正規鎖に上の補題をあてはめると，群 G 自体が線形であることがわかる． (証明終り)

次に G を線形とし，$\tau \in G$ は $\tau(x)=ax+b$ で定まるとしよう．すると $\tau'=\sigma^{b'-b}\tau$ も G の要素であり，$\tau'(x)=ax+b'$ で定まる．よって与えられた a をもつ置換 τ が G 内に存在すれば，この a と，任意の $b \in Q_q$ をもつ置換はすべて G に含まれる．とくに G は $\tau_a(x)=ax$ のような τ_a をもつ．$\tau_{a_1} \cdot \tau_{a_2} = \tau_{a_1 a_2}$ であるから，このような a は乗法群をつくる．この乗法群は Q_q の 0 と異なる要素全体のつくる乗法群の部分群であるから，$q-1$ の約数 d を

位数にもつ巡回群であり，Q_q 内の 1 の d 乗根の全体である．よって G の位数は dq であり，G の構造は位数 dq によって一意に定まる．位数の最大値は $(q-1)q$ である．

定理 45. 任意の線形群は可解である．

証明 G を線形とし，N を σ によって生成される部分群とする．任意の $\tau \in G$ に対して $\tau \sigma \tau^{-1} = \sigma^a \in N$ であるから，N は G の正規部分群である．G が可解であることを示すには，商群 G/N がアーベルであることを示せば十分である．τ_a を $\tau_a(x) = ax$ によって定まる置換とすると，$N\tau_a$ は $\tau(x) = ax + b$ によって定まる置換全体からなる．すなわち剰余類はすべて $N\tau_a$ のように書かれる．そして

$$N\tau_{a_1} \cdot N\tau_{a_2} = N\tau_{a_1}\tau_{a_2} = N\tau_{a_1 a_2} = N\tau_{a_2} \cdot N\tau_{a_1}$$

である． (証明終り)

$\tau(x) = ax + b$ とする．τ の不動点は $ax + b = x$ の解である．$a \neq 1$ ならば解は $\dfrac{-b}{a-1}$ であり，$a = 1$ かつ $b \neq 0$ ならば不動点は存在しない．また $a = 1, b = 0$ ならば τ は恒等写像である．よって恒等写像と異なる G の要素が不動点を 2 つもつことはないことがわかる．

いま α_i, α_j を $f(x)$ の相異なる 2 根とし，中間体 $K(\alpha_i, \alpha_j)$ を考察しよう．この中間体に対応する部分群の要素 τ は α_i, α_j を動かさないので，2 つの不動点をもつことになる．よって上に示したことによって，$\tau = 1$ でなければならない．これは中間体 $K(\alpha_i, \alpha_j)$ が全体 E に一致する

ことを意味している．すなわち次が証明された．

定理 46. 素数次の既約方程式の群 G が可解のとき，その分解体はその方程式の相異なる任意の 2 根を付加するだけで得られる．

この定理の小さな応用を示そう．K を実数体の部分体とする（したがって K の標数は 0 である）．$f(x)$ は奇の素数次の K 内の既約多項式で，累乗根で解けるものとする．さらに多項式 $f(x)$ は 2 つの実根をもつものとする．このとき，その 2 根を K に付加すると実数だけからなる体が得られるが，一方定理 46 によって，その体は $f(x)$ の分解体である．よってこのような $f(x)$ は実根しかもち得ないことになる．一般には，このような多項式は実根のみをもつか，もしくは実根をただ 1 つしかもたないことがわかる．すなわち：

系 実数だけからなる体内の奇素数次の既約多項式が累乗根で解けるときは，その既約多項式は実根をただ 1 つもつか，すべての根が実根であるかのいずれかである．

有理数を係数にもち，既約でしかも 3 つの実根をもつ 5 次方程式をつくることは容易である．そのような方程式は累乗根で解くことはできない．たとえば $x^5 - 10x - 2$ などがそうである．

問題 3-1 有理数体 Q 上で次の 2 つの方程式は同一の分解体を

もつことを示せ．
$$f(x) = x^4 - 5x^2 + 6, \qquad g(x) = x^4 - 10x^2 + 1$$

次にそのガロア群の要素を $f(x), g(x)$ に対して別々に4根に対する置換の形で述べよ．

問題 3-2 $f(x), g(x), h(x)$ は K 内の多項式で $f(x) = g(x) \cdot h(x)$ であり，しかも $g(x) = 0, h(x) = 0$ が共通の根をもたないとする．$f(x)$ のガロア群を G とする．このとき $g(\alpha) = 0, h(\beta) = 0$ とすると，α を β に移す G の要素は存在しないことを示せ．

問題 3-3 (1) 文字 $1, 2, \cdots, n$ の置換群 G が可遷であるための条件は，1 を任意の文字 k に写像する G の要素が存在することである．これを示せ．

(2) 巡回置換 $(1\ 2\ \cdots\ n)$ の生成する位数 n の巡回群は可遷であることを示せ．

問題 3-4 (1) 標数が 0 の体 K 上の既約方程式 $f(x) = x^3 + ax + b = 0$ の分解体 E における 3 根を α, β, γ とし，
$$D = \{(\alpha - \beta)(\alpha - \gamma)(\beta - \gamma)\}^2$$
とするとき $f(x)$ のガロア群が 3 次の対称群 S_3 に同型であるための必要十分条件は，D が K 内で平方数でないことである．これを示せ（第 2 章 問題 4-2 (2) を参照せよ）．

(2) $\delta^3 = \dfrac{-b + \sqrt{-D/27}}{2}, \quad \alpha = \delta - \dfrac{a}{3\delta}$

とおくと，α は $f(x) = 0$ の根であることを示せ．（δ のとり方は 3 通りあるので，$f(x) = 0$ の 3 根が得られる．）

問題 3-5 有理数体上次の多項式のガロア群を定めよ．

(1) $f(x) = x^3 + 3$ (2) $f(x) = x^3 - 5x + 7$
(3) $f(x) = x^3 + 5x + 18$

4. コンパスと定規による作図

[概要] ユークリッド幾何の作図問題の代数的な解明である. とくに
 1. 正 n 角形が作図できるための条件
 2. 角が3等分できるための条件
をとりあげる.

作図問題とは, 与えられた幾何図形から他の幾何図形を引き出すことをいう. ここで幾何図形とは, 有限個の点と線分によって規制されているものをいう. (たとえば, 三角形は三頂点によって示され, 円は中心と半径によって示される.)

作図がコンパスと定規によって得られるとは, その作図が, 1つの定められた平面内で行なわれ, 次の4つの処置のどれかの有限回の繰り返しに分解できることをいう.

 1. それまでの処置によって定められた点集合の中から任意の1点をとること.
 2. それまでにつくられたか選ばれた2点を結ぶ直線をつくること.
 3. つくられたか選ばれた点を中心として, 他のつくられたか選ばれた点を通る円をつくること.
 4. つくられた2直線, または直線と円, あるいはまた円と円の交点をつくること.

まず何もつくっていない平面上に1点をとることから始めなければならない. 次に平面内に与えられた幾何図形の性質を表わす線分を与え, それをもとにして求める幾何

図形を表わす線分を作図しなければならないのである．

この幾何学的な問題を代数学の問題にいいかえることを簡単にスケッチしてみよう．

平面内に直交座標系があり，与えられた線分は，正の x 軸上に原点を一端として与えられていると考える．その端点の x 座標が $a_1, a_2, \cdots, a_r$ であるとする．さて作図を始めたとしよう．その i 番目までの作業でいくつかの点集合が得られたとする．得られた点すべてについてその x, y 座標の集合を考え，それを $b_1, b_2, \cdots, b_s$ とする．a_ν はこの部分集合である．このとき有理数体 Q に $b_1, b_2, \cdots, b_s$ を付加すると，ある実数の体 K_i が得られる．そして，それまでにつくられた直線とか円は，K_i 内に係数をもつ方程式で表わされる．$i+1$ 番目の作業によって新しい点が得られるのは，4の作業の場合である．この場合には，交点の座標を計算するに当って高々 K_i の要素の平方根が表われるにすぎないので，$K_{i+1} = K_i$ かまたは $(K_{i+1}/K_i) = 2$ である．求める幾何図形を表わす線分が原点を一端として正の x 軸上に得られたとき，作図は完了する．これらの線分の端点の座標を $\xi_1, \xi_2, \cdots, \xi_t$ とする．全作業回数を n とすると，K_n は $\xi_1, \xi_2, \cdots, \xi_t$ を含む体である．ここで体 $K = Q(a_1, a_2, \cdots, a_r)$ を基礎体と考えると，体 K_n は K の準アーベル拡大体であり，その途中がすべて2次の拡大体になっている．ここで第3章2節の補題の証明にもどってみよう．補題2の2つの拡大体 F_1, F_2 において，途中の拡大がすべて2次拡大である

とすれば，F_1F_2 もまた同じ性質をもつことがわかる．というのは $F_1K'_{i-1}$ 上 $F_1K'_i$ の群は K'_{i-1} 上 K'_i の群の部分群に同型だからである．さらに補題 3 の証明からわかるように，K_n は K から 2 次拡大をつづけて行なって到達できるような K のある正規拡大体 Ω に含まれる．この体 Ω は体 $F = K(\xi_1, \xi_2, \cdots, \xi_t)$ を含み，しかも F を含む K の最小の正規拡大体 E をも含む．Ω の K 上の次数は 2 の累乗であるから，体 F と E の K 上の次数も 2 の累乗である．

ところが一方，作図とは関係なしに，その幾何学の問題自身から，作図したい量 $\xi_1, \xi_2, \cdots, \xi_t$ の性質をよみとることはできる．そして 2 つの体 E と F の代数的な性質を調べた結果，もし，(F/K) とか (E/K) が 2 の累乗でなかったならば，上に述べたことから，コンパスと定規による作図は不可能となるのである．

定理 47. 作図問題において，$a_1, a_2, \cdots, a_r$ を与えられた量，$\xi_1, \xi_2, \cdots, \xi_t$ を定めたい量とし，$K = Q(a_1, a_2, \cdots, a_r)$ とする．このとき ξ_i がすべて K 上代数的で，$\xi_1, \xi_2, \cdots, \xi_t$ を含む K の最小の正規拡大体が 2 の累乗次の拡大体であることが，この作図問題がコンパスと定規で解けるための必要十分な条件である．

証明 この条件が必要であることはすでに述べた．そこで (E/K) を 2 の累乗とし，E の要素がすべて作図可能であることを証明しよう．E の K 上の自己同型群は，定理

39によって，可解である．よって正規鎖

$$G = G_0 \supset G_1 \supset G_2 \supset \cdots \supset G_s = 1$$

が存在し，商群 G_{i-1}/G_i はすべてアーベルである．この商群の位数は2の累乗である．もし G_{i-1}/G_i の位数が2より大のときは，位数が2の部分群 H/G_i が存在するので，G_{i-1} と G_i の間に新しい群 H をはさむことができる．よってはじめから，この商群の位数はすべて2であるとしてよい．この減少する群の鎖に対して増加する体の列

$$K = K_0 \subset K_1 \subset K_2 \subset \cdots \subset K_s = E$$

が存在する．ここでこれらの体は実数だけからなる体とは限らない点が1つの問題点である．そこで，ある複素数が作図可能であるとは，その実部と虚部が作図可能であることと定義しておく．読者が中学校や高等学校で学習したように，長さ a, b の線分から長さ $a \pm b, ab, \dfrac{a}{b}$ の線分を作図することができる（相似三角形の利用）．さらにまた，長さ $\sqrt{a}$ の線分も作図できる．そこでまず，与えられた量 $a_1, a_2, \cdots, a_r$ から K の任意の要素は作図できる．いま K_{i-1} のすべての要素が作図できたとする．$(K_i/K_{i-1}) = 2$ であるから，K_i は $\sqrt{\alpha}$ を付加して得られる．ここに α はすでに作図できている複素数である．ガウス平面において，$\sqrt{\alpha}$ は偏角を半分にし，正の数の平方根を作図することによって作図できる．よって K_i は作図可能であり，あとは i に関する帰納法によって証明が完成する． (証明終り)

例1. 半径1の円に内接する正 n 角形を作図すること

この場合は

$$K = Q, \quad \xi_1 = \cos\frac{2\pi}{n}, \quad \xi_2 = \sin\frac{2\pi}{n}$$

である.これは

$$\varepsilon = \cos\frac{2\pi}{n} + i\sin\frac{2\pi}{n}$$

すなわち1の原始 n 乗根を作図することと同じである.$E = Q(\varepsilon)$ は Q の正規拡大体であるから,この拡大体の次数をしらべればよい.いま $n = p_1^{\nu_1} p_2^{\nu_2} \cdots p_r^{\nu_r}$ を n の相異なる素数乗への分解とする.すると

$$\varphi(n) = p_1^{\nu_1-1}(p_1-1) p_2^{\nu_2-1}(p_2-1) \cdots p_r^{\nu_r-1}(p_r-1)$$

である.$p_1 = 2$ ならば指数 ν_1 は任意である.しかし p_i が奇数のときは $\nu_i = 1$ でしかも $p_i - 1$ は2の累乗,たとえば 2^m でなければならない.すると $p_i = 2^m + 1$ である.ここで,もし $m = ab, a > 1$ かつ a が奇数とすると,多項式

$$x^{ab} + 1 = (x^b)^a + 1$$

は $x^b + 1$ で割りきれるので,数 $2^m + 1$ は $2^b + 1$ で割りきれてしまい,$2^m + 1$ は素数であり得ない.よって m は2の累乗でなければならない.p_i としては $2^{2^k} + 1$ の形の数だけが問題になる.$k = 0, 1, 2, 3, 4$ とすると素数 $3, 5, 17, 257, 65537$ が得られる.$k = 5$ のときはこの数は 641 で割りきれる.現在のところ $2^{2^k} + 1$ の形の素数はこれ以上はみつかっていない.とにかく以上から,正 n 角

形がコンパスと定規で作図できるのは，n が $2^{2^k}+1$ の形の素数 p_i を用いて $n = 2^\nu p_1 p_2 \cdots p_r$ の形をしているときである．正17角形の実際の作図は，なにがしかの書物でみることができる[*]．

例2. 角の三等分　　$60°$ の角を作図することはできる．この角の3等分の作図は，18角形の作図と同じことであり，例1によって不可能である．

例3. デロス島の問題　　アポロの神は，それまでの立方体状の祭壇を，立方体状のままで倍の量にせよと要求された．そこにある立方体の一辺の長さを1として $\xi = \sqrt[3]{2}$ を作図しなければならない．これは $K = Q, F = Q(\sqrt[3]{2})$ の場合である．ところが $x^3 - 2$ は Q で既約であるから $(F/K) = 3$ であり，そのような作図は不可能である．

---

[*]　正17角形の作図のガウスによる作図法は，高木貞治『代数学講義』(共立出版)，ポストニコフ『ガロアの理論』(東京図書)などを調べること．[訳者注]

問題解答

第1章

1-1 (1) 加法と乗法の単位元 $0, 1$ だけからなる体であり

+	0	1
0	0	1
1	1	0

·	0	1
0	0	0
1	0	1

(2) $0, 1, 2$ だけからなる体で

+	0	1	2
0	0	1	2
1	1	2	0
2	2	0	1

·	0	1	2
0	0	0	0
1	0	1	2
2	0	2	1

1-2 (1) たとえば 2 はこの集合の中に逆要素をもたないからである.

(2) 体の条件をすべてチェックする (省略).

1-3 体の条件のうちの大部分は簡単に示せるので省略する. $a \neq 0$ のとき $a \circ b = 1$ となる b の存在を示す. a は $1, 2, \cdots, p-1$ のどれかであるから, p と互いに素である. よって $ax + py = 1$ となる整数 x, y が存在する. このとき $x = pq + r \ (0 \leq r < p)$ のような q, r をとると,

$$apq + ar + py = 1 \quad \therefore ar = p(-aq - y) + 1$$

よって ar を p で割った余りは 1 であり, $r \in Z_p$ であるから $a \circ r = 1$. この r を b にとればよい.

1-4 0 を除く $q-1$ 個の要素は乗法に関して位数が $q-1$ の群をつくる. よって $x \neq 0$ のとき $x^{q-1} = 1$. よって $x^q = x$. $x = 0$ もこれを満たす.

2-1 (1) $a\mathbf{0} = a(\mathbf{0} + \mathbf{0}) = a\mathbf{0} + a\mathbf{0}$ から $a\mathbf{0} = \mathbf{0}$.
$\mathbf{a} + (-1)\mathbf{a} = \{1 + (-1)\}\mathbf{a} = 0\mathbf{a} = \mathbf{0}$ から $(-1)\mathbf{a} = -\mathbf{a}$.

(2) $a\mathbf{a} = \mathbf{0}$ で $a \neq 0$ とすると, K の中に a^{-1} が存在する.
$$a^{-1}(a\mathbf{a}) = (a^{-1}a)\mathbf{a} = 1\mathbf{a} = \mathbf{a}, \qquad a^{-1}\mathbf{0} = \mathbf{0}$$
から $\mathbf{a} = \mathbf{0}$ となる.

3-1 $(0,0,0), (0,2,1), (0,1,2)$.

3-2 (1) $\sum_{j=1}^{n} a_{ij}x_j = 0, \sum_{j=1}^{n} a_{ij}x'_j = 0$ から
$$\sum_{j=1}^{n} a_{ij}(x_j + x'_j) = \sum_{j=1}^{n} a_{ij}x_j + \sum_{j=1}^{n} a_{ij}x'_j = 0$$
となるからである.

(2) $\sum_{j=1}^{n} a_{ij}(x_j \lambda) = \left(\sum_{j=1}^{n} a_{ij}x_j \right) \lambda = 0\lambda = 0$
となるからである.

4-1 (1), (2) は同値な命題であるから (2) を証明する. $\mathbf{a}_1, \mathbf{a}_2, \cdots, \mathbf{a}_n$ が線形従属ならば,
$$x_1\mathbf{a}_1 + x_2\mathbf{a}_2 + \cdots + x_n\mathbf{a}_n = \mathbf{0}$$
で, かつ少なくとも 1 つは 0 でない $x_1, x_2, \cdots, x_n$ が存在する. いま $x_1 \neq 0$ とすると
$$\mathbf{a}_1 = (-x_1^{-1}x_2)\mathbf{a}_2 + \cdots + (-x_1^{-1}x_n)\mathbf{a}_n$$
となるので, $\mathbf{a}_1$ が他の線形和である.

逆に $\mathbf{a}_1, \cdots, \mathbf{a}_n$ の中のどれか 1 つ, たとえば $\mathbf{a}_1$ が他の線形和
$$\mathbf{a}_1 = y_2\mathbf{a}_2 + \cdots + y_n\mathbf{a}_n$$
であるとすると $1\mathbf{a}_1 + (-y_2)\mathbf{a}_2 + \cdots + (-y_n)\mathbf{a}_n = \mathbf{0}$ となり, 係

数は $1 \neq 0, -y_2, \cdots, -y_n$ なので線形従属である.

4-2 (1)⇒(2) は定理 2 の証明の直後にある注意で述べてある. そこで, (2)⇒(1) を証明する. $a_1, a_2, \cdots, a_n$ は生成系であるから, 定理 2 によってその中の線形独立な最大個数が V の次元に等しい. それが n であるから $a_1, a_2, \cdots, a_n$ 全体が線形独立でなければならない.

4-3 $a_1, a_2, \cdots, a_n$ が生成する部分空間を W とする. $a_1, a_2, \cdots, a_n$ は W の生成系であるから, 定理 2 により W の次元は r である. $b_1, b_2, \cdots, b_m$ は W の要素であるから, その中の線形独立なものの個数は高々 W の次元 r に等しい.

4-4 $a_1, a_2, \cdots, a_n$ の中の線形独立なものの最大個数を r とすると, 前問から $b_1, b_2, \cdots, b_m$ の中の線形独立なものは高々 r であり, $m > n \geq r$. よって $b_1, b_2, \cdots, b_m$ は線形従属である.

4-5 $\lambda_1 a_1 + \lambda_2 a_2 + \cdots + \lambda_r a_r$ の形の要素の全体は部分空間 W をつくり, 定理 2 によりその次元は r である. $r < n$ によって W は V に一致しない. そこで W に属さない a_{r+1} をとることができる. このとき $a_1, a_2, \cdots, a_r, a_{r+1}$ は線形独立である. 何となれば
$$\lambda_1 a_1 + \lambda_2 a_2 + \cdots + \lambda_r a_r + \lambda_{r+1} a_{r+1} = 0$$
のとき, $\lambda_{r+1} \neq 0$ ならば $a_{r+1} \in W$ となってとり方に反するし, $\lambda_{r+1} = 0$ ならば $a_1, a_2, \cdots, a_r$ の線形独立性から $\lambda_1 = \lambda_2 = \cdots = \lambda_r = 0$ となるからである.

$r+1 < n$ のときは, これと同じことを続ければよい.

4-6 一対一であることは $a_1, a_2, \cdots, a_n$ が線形独立であることから得られる. また a, b を $\sum a_i a_i, \sum b_i a_i$ と表わすと
$$\varphi(a+b) = (a_1+b_1, a_2+b_2, \cdots, a_n+b_n) = \varphi(a) + \varphi(b)$$
$\varphi(aa) = a\varphi(a)$ も同様である.

5-1 $k < n$ とするとき, k 個の未知数と k 個の式の場合は

なりたっているとする．$L_1=b_1, L_2=b_2, \cdots, L_n=b_n$ が任意の $b_1, b_2, \cdots, b_n$ に対して解をもつとすると，少なくとも1つの a_{ij} は0でないので，$a_{11} \neq 0$ としてよい．このとき
$$L_2 - a_{21}a_{11}^{-1}L_1 = b_2 - a_{21}a_{11}^{-1}b_1,$$
$$\cdots\cdots\cdots\cdots,$$
$$L_n - a_{n1}a_{11}^{-1}L_1 = b_n - a_{n1}a_{11}^{-1}b_1$$
をつくると，右辺は任意の $b_2', b_3', \cdots, b_n'$ をとり得て，しかもつねに解 $x_2, x_3, \cdots, x_n$ をもちうる．よって帰納法の仮定から
$$L_2 - a_{21}a_{11}^{-1}L_1 = 0, \quad \cdots, \quad L_n - a_{n1}a_{11}^{-1}L_1 = 0$$
は自明解しかもちえない．よってこれに $L_1 = 0$ をあわせても自明解しかもちえないので，$L_1 = 0, L_2 = 0, \cdots, L_n = 0$ は自明解しかもちえない．逆は読者にまかせる．

6-1 $\boldsymbol{u}_1, \boldsymbol{u}_2, \cdots, \boldsymbol{u}_m$ を m 次の単位列ベクトルとし
$$\boldsymbol{a}_k = \sum_{i=1}^{m} a_{ik}\boldsymbol{u}_i \quad (k=1,2,\cdots,n)$$
とすると
$$F(A) = \sum_{\nu_1, \nu_2, \cdots, \nu_n = 1}^{m} a_{\nu_1 1} a_{\nu_2 2} \cdots a_{\nu_n n} F(\boldsymbol{u}_{\nu_1}, \boldsymbol{u}_{\nu_2}, \cdots, \boldsymbol{u}_{\nu_n}).$$
$m < n$ ならば $\nu_1, \nu_2, \cdots, \nu_n$ の中に同じものが必ずあるから
$$F(\boldsymbol{u}_{\nu_1}, \boldsymbol{u}_{\nu_2}, \cdots, \boldsymbol{u}_{\nu_n}) = 0 \text{ から } F(A) = 0.$$
$m = n$ のときは本文で述べた．

$m > n$ ならば $\nu_1, \nu_2, \cdots, \nu_n$ の異なる項だけが残って
$$F(A) = \sum_{\nu_1, \nu_2, \cdots, \nu_n} a_{\nu_1 1} a_{\nu_2 2} \cdots a_{\nu_n n} \cdot c_{\nu_1 \nu_2 \cdots \nu_n}$$
ここに $\nu_1, \nu_2, \cdots, \nu_n$ は $1, 2, \cdots, m$ から n 個とった順列であり，これを小さい方から並べかえて $i_1 < i_2 < \cdots < i_n$ になったとすると

$$= \sum_{i_1<i_2<\cdots<i_n} \pm (a_{\nu_1 1} a_{\nu_2 2} \cdots a_{\nu_n n}) c_{i_1 i_2 \cdots i_n}$$
$$= \sum_{i_1<i_2<\cdots<i_n} c_{i_1 i_2 \cdots i_n} D_{i_1 i_2 \cdots i_n}$$

6-2 (1) $\boldsymbol{a}_1, \boldsymbol{a}_2, \cdots, \boldsymbol{a}_n$ が線形従属ならば, この中の1つは残りの線形和である. よってたとえば

$$\boldsymbol{a}_1 = c_2 \boldsymbol{a}_2 + c_3 \boldsymbol{a}_3 + \cdots + c_n \boldsymbol{a}_n = 0 \boldsymbol{a}_1 + c_2 \boldsymbol{a}_2 + \cdots + c_n \boldsymbol{a}_n$$

$$\therefore F(\boldsymbol{a}_1, \boldsymbol{a}_2, \cdots, \boldsymbol{a}_n)$$
$$= F(0\boldsymbol{a}_1 + c_2 \boldsymbol{a}_2 + \cdots + c_n \boldsymbol{a}_n, \boldsymbol{a}_2, \boldsymbol{a}_3, \cdots, \boldsymbol{a}_n)$$
$$= F(0\boldsymbol{a}_1 + c_2 \boldsymbol{a}_2 + \cdots + c_{n-1} \boldsymbol{a}_{n-1}, \boldsymbol{a}_2, \boldsymbol{a}_3, \cdots, \boldsymbol{a}_n)$$
$$= \cdots = F(0\boldsymbol{a}_1, \boldsymbol{a}_2, \cdots, \boldsymbol{a}_n)$$
$$= 0 F(\boldsymbol{a}_1, \boldsymbol{a}_2, \cdots, \boldsymbol{a}_n) = 0$$

(2) $F_k(\boldsymbol{a}_k + \boldsymbol{a}'_k) = F_k(\boldsymbol{a}_k) + F_k(\boldsymbol{a}'_k)$

を証明する. 簡単のため $k=1$ とする. $\boldsymbol{a}_2, \boldsymbol{a}_3, \cdots, \boldsymbol{a}_n$ が線形従属ならば

$\boldsymbol{a}_1, \boldsymbol{a}_2, \cdots, \boldsymbol{a}_n$ および $\boldsymbol{a}'_1, \boldsymbol{a}_2, \cdots, \boldsymbol{a}_n$ および $\boldsymbol{a}_1 + \boldsymbol{a}'_1, \boldsymbol{a}_2, \cdots, \boldsymbol{a}_n$
はともに線形従属であるから

$$F_1(\boldsymbol{a}_1) = 0, \quad F_1(\boldsymbol{a}'_1) = 0, \quad F_1(\boldsymbol{a}_1 + \boldsymbol{a}'_1) = 0.$$

$\boldsymbol{a}_2, \boldsymbol{a}_3, \cdots, \boldsymbol{a}_n$ が線形独立のときは問題 4-5 によって $\boldsymbol{a}_0, \boldsymbol{a}_2, \cdots, \boldsymbol{a}_n$ が線形独立であるように $\boldsymbol{a}_0$ をえらぶことができる. $\boldsymbol{a}_0, \boldsymbol{a}_2, \cdots, \boldsymbol{a}_n$ は n 次列ベクトルを生成するので

$$\boldsymbol{a}_1 = c_1 \boldsymbol{a}_0 + c_2 \boldsymbol{a}_2 + \cdots + c_n \boldsymbol{a}_n,$$
$$\boldsymbol{a}'_1 = c'_1 \boldsymbol{a}_0 + c'_2 \boldsymbol{a}_2 + \cdots + c'_n \boldsymbol{a}_n$$

とすると,
$$F_1(\boldsymbol{a}_1 + \boldsymbol{a}'_1) = F_1(c_1 \boldsymbol{a}_0 + c'_1 \boldsymbol{a}_0) = (c_1 + c'_1) F_1(\boldsymbol{a}_0)$$
$$= c_1 F_1(\boldsymbol{a}_0) + c'_1 F_1(\boldsymbol{a}_0) = F_1(c_1 \boldsymbol{a}_0) + F_1(c'_1 \boldsymbol{a}_0)$$
$$= F_1(\boldsymbol{a}_1) + F_1(\boldsymbol{a}'_1)$$

よって 2. とあわせて p.26 の条件1が満たされた. また 1. に

よってp.26の条件2も満たされ，かくてp.30の(12)により$F(A) = cD(A)$となる．

6-3 (1) 第i列のx_iにx_j $(j \neq i)$を代入すると，第i列と第j列が一致するので行列式の値は0となる．よってこの行列式の値は$x_i - x_j$を因数にもつ．$x_1, x_2, \cdots, x_n$について行列式の次数も$\prod(x_i - x_j)$の次数もともに$\dfrac{n(n-1)}{2}$だから，両者は定数因子しか違わない．$x_2 x_3^2 \cdots x_n^{n-1}$の係数をくらべて$(-1)^{\frac{n(n-1)}{2}}$を補正すればよいことがわかる．

(2) (第1行)$\times x$を第2行に加える．次に新しい(第2行)$\times x$を第3行に加える．以下これをつづけて行なうと

$$\begin{vmatrix} a_0 & -1 & 0 & 0 & \cdots & 0 \\ a_0 x + a_1 & 0 & -1 & 0 & \cdots & 0 \\ a_0 x^2 + a_1 x + a_2 & 0 & 0 & -1 & \cdots & 0 \\ \cdots\cdots\cdots\cdots\cdots\cdots & & & & & \\ a_0 x^{n-1} + \cdots + a_{n-1} & 0 & 0 & 0 & \cdots & -1 \\ a_0 x^n + \cdots + a_n & 0 & 0 & 0 & \cdots & 0 \end{vmatrix}$$

$$= (-1)^n (a_0 x^n + \cdots + a_n) \begin{vmatrix} -1 & 0 & \cdots & 0 \\ 0 & -1 & \cdots & 0 \\ \cdots\cdots\cdots\cdots & & & \\ 0 & 0 & \cdots & -1 \end{vmatrix}$$

$$= a_0 x^n + \cdots + a_n.$$

第2章

1-1 $\sqrt{2} \in Q$とすると$\sqrt{2} = \dfrac{n}{m}$ (m, nは互いに素な整数)と表わされる．すると$2m^2 = n^2$となり，両辺の素数分解における2の個数をみたとき，左辺には奇数個，右辺には偶数個となって矛盾する．

$\sqrt{3}, \sqrt{6}$ についても同様である.

1-2 Q の要素を係数とする $\sqrt{2}$ の多項式は $a+b\sqrt{2}$ ($a,b \in Q$) の形に簡約される. また

$$\frac{a+b\sqrt{2}}{c+d\sqrt{2}} = \frac{ac-2bd}{c^2-2d^2} + \frac{bc-ad}{c^2-2d^2}\sqrt{2}$$
$$= e+f\sqrt{2} \quad (e,f \in Q)$$

となるので, $Q(\sqrt{2})$ の要素はすべて $a+b\sqrt{2}$ の形になる.

また, $1, \sqrt{2}$ は Q 上線形独立である. 何となれば

$$a \cdot 1 + b\sqrt{2} = 0 \text{ のとき } b \neq 0 \text{ ならば } \sqrt{2} = -\frac{a}{b} \in Q$$

となって矛盾するので, $b=0, a=0$ となるからである.

$Q(\sqrt{2})$ は Q 上 $1, \sqrt{2}$ で生成され, かつ $1, \sqrt{2}$ は Q 上線形独立なので

$$(Q(\sqrt{2})/Q) = 2.$$

1-3 $\omega = -\frac{1}{2} + \frac{1}{2}\sqrt{3}i \in Q(\sqrt{3}i)$ であり, $Q(\omega)$ は Q と ω を含む最小の体であるから $Q(\omega) \subset Q(\sqrt{3}i)$. 逆に $\sqrt{3}i = 1+2\omega \in Q(\omega)$ であるから $Q(\sqrt{3}i) \subset Q(\omega)$. よって $Q(\omega) = Q(\sqrt{3}i)$.

また, $(Q(\sqrt{3}i)/Q) = 2$ が前問と同様に示されるので $(Q(\omega)/Q) = 2$.

1-4 問題 1-2 によって $Q(\sqrt{2}) = \{a+b\sqrt{2} | a,b \in Q\}$ であり

$$(Q(\sqrt{2})/Q) = 2.$$

次に $E_0 = \{\alpha + \beta\sqrt{3} | \alpha, \beta \in Q(\sqrt{2})\}$ として $E_0 = Q(\sqrt{2}, \sqrt{3})$ を証明する. まず

$$\alpha + \beta\sqrt{3} = a+b\sqrt{2} + (c+d\sqrt{2})\sqrt{3} \in Q(\sqrt{2}, \sqrt{3})$$

であるから, $E_0 \subset Q(\sqrt{2}, \sqrt{3})$. よって $Q(\sqrt{2}, \sqrt{3}) \subset E_0$ を示せばよい. $\sqrt{2}, \sqrt{3}$ の多項式は次の形に簡約される.

$$a+b\sqrt{2}+c\sqrt{3}+d\sqrt{2}\sqrt{3}$$
$$=\alpha+\beta\sqrt{3}\in E_0 \quad (\alpha,\beta\in Q(\sqrt{2}))$$

よって $\dfrac{\alpha+\beta\sqrt{3}}{\gamma+\delta\sqrt{3}}\in E_0$ をみればよいが，これは問題 1-2 と同様に示される．よって $E_0=Q(\sqrt{2},\sqrt{3})$.

次に $1,\sqrt{3}$ が $Q(\sqrt{2})$ 上線形独立であることを証明する．
$$\alpha+\beta\sqrt{3}=0 \quad (\alpha,\beta\in Q(\sqrt{2})) \tag{1}$$
とし $\beta\neq 0$ とすると
$$\sqrt{3}=-\frac{\alpha}{\beta}=a+b\sqrt{2} \quad (a,b\in Q).$$

すると $3=a^2+2b^2+2ab\sqrt{2}$ から $ab=0, a^2+2b^2=3$ となる．$a=0$ ならば $(2b)^2=6$ から $\sqrt{6}\in Q$ となり矛盾する．$b=0$ ならば $\sqrt{3}\in Q$ となり矛盾する．よって (1) で $\beta=0$ さらに $\alpha=0$ でなければならない．よって $1,\sqrt{3}$ は $Q(\sqrt{2})$ 上線形独立であるから $(Q(\sqrt{2},\sqrt{3})/Q(\sqrt{2}))=2$. よって $(Q(\sqrt{2},\sqrt{3})/Q)=((Q\sqrt{2})/Q)(Q(\sqrt{2},\sqrt{3})/Q(\sqrt{2}))=4$.

1-5 (1) $\alpha\in B$, $\alpha\notin K$ ならば $1,\alpha$ は線形独立である．何となれば，$a+b\alpha=0 \ (a,b\in K)$ において $b\neq 0$ ならば $\alpha=-\dfrac{a}{b}\in K$ となり α のとり方に反するので，$b=0$, よって $a=0$ となるからである．よって $B\neq K$ のとき $(B/K)\geqq 2$ すなわち $(B/K)=1$ ならば $B=K$. 逆は明らか．

(2) $(E/K)=(E/B)(B/K)$ から (1) に帰着される．

(3) $(E/B)=1$ と同値であるから (1) により $E=B$ と同値である．

1-6 $B=E_1\cap E_2$ とすると，$K\subset B\subset E_1$. よって $(E_1/B)(B/K)=p$. p は素数であるから
$(E_1/B)=p, (B/K)=1$ または $(E_1/B)=1, (B/K)=p$.
はじめの場合 $B=K$ であり，あとの場合 $E_1=B=E_1\cap E_2$.

よって $K \subset E_1 \subset E_2$ となる. このときはさらに
$$(E_2/E_1)(E_1/K) = q \quad \therefore (E_2/E_1)p = q.$$
p, q は素数であるから $p = q, (E_2/E_1) = 1$ でなければならない. すなわち $E_2 = E_1$.

2-1 (i) $\deg f(x) < \deg g(x)$ のときは $q(x) = 0, r(x) = f(x)$ にとればよい.

(ii) $f(x) = a_0 x^n + \cdots, \ g(x) = b_0 x^m + \cdots (b_0 \neq 0)$ とし, $n \geq m$ として, 次数が n より小さい $f(x)$ に対してはなりたっているとする.
$$f_0(x) = f(x) - a_0 b_0^{-1} x^{n-m} g(x)$$
をつくると $\deg f_0(x) < n$ であるから (i) または帰納法の仮定により
$$f_0(x) = q_0(x) g(x) + r_0(x) \quad \deg r_0(x) < \deg g(x)$$
となる $q_0(x), r_0(x)$ が存在する. よって
$$\begin{aligned} f(x) &= f_0(x) + a_0 b_0^{-1} x^{n-m} g(x) \\ &= (q_0(x) + a_0 b_0^{-1} x^{n-m}) g(x) + r_0(x) \end{aligned}$$
となるので, $q(x) = q_0(x) + a_0 b_0^{-1} x^{n-m}, r(x) = r_0(x)$ にとればよい.

また
$$f(x) = Q(x) g(x) + R(x), \quad \deg R(x) < \deg g(x)$$
とも表わされたとすると
$$\{q(x) - Q(x)\} g(x) = R(x) - r(x).$$
もし $q(x) - Q(x) \neq 0$ ならば左辺の次数は $\deg g(x)$ 以上であり, 右辺の次数は $\deg g(x)$ より小さく矛盾である. よって
$$q(x) = Q(x), \quad R(x) = r(x).$$

2-2 (1) $x = 3^{-1} \cdot 4 = 5 \cdot 4 = 6.$

(2) $x^2 + x + 1 = (x + 2^{-1})^2 + 3 \cdot 4^{-1} = (x + 4)^2 - 1$
であるから, $x^2 + x + 1 = 0$ から $(x + 4)^2 = 1. \ \therefore x + 4 = 1, 6.$

これから $x = 4, 2$.

(3) Z_7 の要素 $1, 2, 3, 4, 5, 6$ の平方は $1, 4, 2, 2, 4, 1$ であるから $x^2 = 3$ をみたす要素は存在しない.

2-3 $p | g(x) h(x)$ であって $p \nmid g(x), p \nmid h(x)$ であるとする.
$$g(x) = b_0 + b_1 x + b_2 x^2 + \cdots$$
$$h(x) = c_0 + c_1 x + c_2 x^2 + \cdots$$
(ある次数以上の項は係数を 0 とおく)

とし, $g(x), h(x)$ の p で割りきれない最初の係数を, それぞれ b_j, c_k とする. このとき $g(x) h(x)$ の x^{j+k} の係数は次のようになる.

$$b_0 c_{j+k} + b_1 c_{j+k-1} + \cdots + b_j c_k + \cdots + b_{j+k} c_0$$

ここで $b_0, b_1, \cdots, b_{j-1}; c_{k-1}, c_{k-2}, \cdots, c_0$ はすべて p で割りきれるので $b_j c_k$ 以外の項は p で割りきれ, $b_j c_k$ は p で割りきれない. よって x^{j+k} の係数は p で割りきれないので $p | g(x) h(x)$ に反する.

2-4 $g(x), h(x)$ それぞれについて, その係数の分母の最小公倍数をくくり出し, 次に係数の分子の最大公約数をくくり出して

$$g(x) = \frac{a}{b} g_0(x), \qquad h(x) = \frac{c}{d} h_0(x)$$

とする. ここに $a, b, c, d \in Z$ で, $g_0(x), h_0(x)$ はともに $Z[x]$ に属し, 係数の最大公約数は 1 である. すると $f(x) = g(x) h(x)$ から

$$bd f(x) = ac g_0(x) h_0(x)$$

であり, 問題 2-3 により $p | g_0(x) h_0(x)$ となる素数 p は存在しないので, 右辺の係数の最大公約数はちょうど ac である. 左辺からはそれが bd の倍数であることを示すので $bde = ac$ ($e \in Z$) すなわち $f(x) = e g_0(x) h_0(x)$ となり $e g_0(x) \in Z[x], h_0(x) \in Z[x]$.

次に $f(x)$ の最高次の係数が 1 で $f(x) = (ax^n + \cdots)(bx^m + \cdots)$ とすると,整数 a, b は $ab = 1$ をみたす. $a = b = -1$ のときは,全体の符号をかえればよいので $a = b = 1$ としてよい.

2-5 (1) $f(x)$ が Q 上可約であるとすると,問題 2-4 により整数を係数とする多項式に分解される.

(ⅰ) $f(x)$ が 1 次因数をもつ場合
$$f(x) = (x - a)(x^4 + \cdots + b)$$
とすると,$ab = 1$ から $a = 1, -1$. しかし $f(1) \neq 0, f(-1) \neq 0$ だから矛盾である.

(ⅱ) $f(x)$ が 2 次因数をもつ場合
$$g(x) = x^2 + ax + b, \quad h(x) = x^3 + cx^2 + dx + e,$$
$$f(x) = g(x)h(x)$$
とする. ここで a, b, c, d, e は整数である. とくに
$f(0) = -1 = be, \quad f(1) = -1 = (1 + a + b)(1 + c + d + e)$
$f(-1) = -1 = (1 - a + b)(-1 + c - d + e)$
よって $b = \pm 1, 1 + a + b = \pm 1, 1 - a + b = \pm 1$.

これらに適する a は ± 1. よって $g(x) = x^2 \pm x \pm 1$ である. ところがさらに
$$f(2) = 29 = g(2)h(2)$$
であるが $g(2) = 7, 5, 3, 1$ であるから,29 の約数となるのは $g(x) = x^2 - x - 1$ の場合だけであり,このときは $f(-2) = -31 = 5 \cdot h(-2)$ となって矛盾する. よってこのような分解は起こりえない.

(2) も同様である.

2-6 問題 2-4 により,$f(x)$ の因子は最高次の係数が 1 の整係数の多項式である. $f(x)$ が 1 次因子をもてば $x - 1, x + 1$ のいずれかであり
$f(1) = -a = 0, f(-1) = -2 + a = 0$ から $a = 0, 2$.

2次の因数をもてば
$$x^5 - ax - 1 = (x^2 + bx + c)(x^3 + dx^2 + ex + f)$$
係数をくらべて,
　　　[1] $b+d=0$,　　[2] $e+bd+c=0$,
　　　[3] $f+be+cd=0$,　　[4] $bf+ce=-a$,
　　　[5] $cf=-1$
[1], [2], [3], [5] からこれをみたす整数を求めて
$$b=-1,\quad c=1,\quad d=1,\quad e=0,\quad f=-1$$
よって [4] から $a=-1$.

以上から
$$a = -1, 0, 2.$$

2-7 $f(x)$ が Q 上可約ならば, 整数を係数とする, 次数が $n-1$ 以下の $g(x), h(x)$ の積に分解される.
$$g(x) = b_0 + b_1 x + \cdots + b_{n-1} x^{n-1},$$
$$h(x) = c_0 + c_1 x + \cdots + c_{n-1} x^{n-1}$$
とする. ここで係数の中には0のものがあってもよい. $f(x) = g(x)h(x)$ の係数をくらべて $a_0 = b_0 c_0$ かつ $p|a_0, p^2 \nmid a_0$ だから, たとえば $p|b_0, p \nmid c_0$ となる. これと $a_1 = c_0 b_1 + c_1 b_0$ かつ $p|a_1$ から $p|c_0 b_1$, したがって $p|b_1$ となる.

次に $a_2 = c_0 b_2 + c_1 b_1 + c_2 b_0$ と $p|a_2$ から $p|b_2$ となり, これをつづけて $p|b_i$ $(i=0, 1, \cdots, n-1)$ となり, $g(x)$ の係数はすべて p で割りきれてしまい, したがって $p|a_n$ となって仮定に反する.

2-8 (1) 2-7 の $p=3$ の場合である.

(2) 2-7 の $p=2$ の場合である.

(3) $f(x) = x^4 + x^3 + x^2 + x + 1 = \dfrac{x^5 - 1}{x - 1}$ に対して $g(y) = f(y+1)$ とおくと

$$g(y) = \frac{(y+1)^5 - 1}{(y+1) - 1} = y^4 + 5y^3 + 10y^2 + 10y + 5$$

であるから, 前問により $g(y)$ は既約. ところがもし $f(x) = h(x)k(x)$ ならば $g(y) = h(y+1)k(y+1)$ となって $g(y)$ が可約となってしまうので, $f(x)$ も既約である.

3-1 α が $\alpha^2 + k\alpha + l = 0 \,(k, l \in K)$ の形の関係をみたすとする. このとき $\alpha \in K$ ならば $K(\alpha) = K$ となり, $(K(\alpha)/K) = 1$. また $\alpha \notin K$ のとき

$$f(x) = x^2 + kx + l$$

が可約とすると $f(x) = (x-m)(x-n) \,(m, n \in K)$ となり, $f(\alpha) = 0$ から $\alpha = m$ または $\alpha = n$ となって $\alpha \in K$ となってしまう. よって

$$f(x) = x^2 + kx + l$$

は K 上既約であり, $(K(\alpha)/K) = 2$ である. 逆は省略する.

3-2 (1) α は $f(x) = x^2 + x + 1 = 0$ をみたし, $f(x)$ は Q 上既約だから

$$(Q(\alpha)/Q) = 2.$$

(2) $f(x) = x^3 - 2$ は問題 2-7 により既約だから $(Q(\alpha)/Q) = 3$.

(3) $f(x) = x^4 + x^2 + 1 = (x^2 - x + 1)(x^2 + x + 1)$

で, この因数はいずれも Q 上既約であるから, α がどちらの根であっても

$$(Q(\alpha)/Q) = 2.$$

3-3 前半は1次因子をもちえないことからわかる.

(1) $\alpha^3 = \alpha + 2$ であるから

$$\alpha^5 = \alpha^2(\alpha + 2) = \alpha + 2 + 2\alpha^2 = 2\alpha^2 + \alpha + 2$$

(2) $(Q(\alpha)/Q) = 3$ であるから $Q(\alpha)$ の要素 $\dfrac{1}{\alpha + 1}$ は $\dfrac{1}{\alpha + 1} = a\alpha^2 + b\alpha + c$ と表わされる. これから

$$a\alpha^3+(a+b)\alpha^2+(b+c)\alpha+c=1$$

$\alpha^3=\alpha+2$ を用いて

$$(a+b)\alpha^2+(a+b+c)\alpha+(2a+c-1)=0.$$

$\alpha^2,\alpha,1$ は線形独立であるから

$$a+b=0,\quad a+b+c=0,\quad 2a+c-1=0.$$

これから $a=\dfrac{1}{2},b=-\dfrac{1}{2},c=0$ となり $\dfrac{1}{\alpha+1}=\dfrac{1}{2}\alpha^2-\dfrac{1}{2}\alpha.$

3-4 $(K(\alpha)/K)=2$ であるから, α は K 内の2次方程式 $p(x)=0$ の根である. $p(x)$ は E 内の多項式でもあるから, $(E(\alpha)/E)$ は高々2である. $(E(\alpha)/E)=1$ とすると $\alpha \in E$ となり $K(\alpha)\subset E$ となるので $E\cap K(\alpha)=K(\alpha)$ となり仮定に反する.

3-5 $f(a_i)=c_0+c_1a_i+\cdots+c_{n-1}a_i^{n-1}=b_i\ (i=1,2,\cdots,n)$ を $c_0,c_1,\cdots,c_{n-1}$ の連立方程式とみるとき, これが解をもつための必要十分条件は, 第1章, 定理5により, 同伴な同次連立方程式

$$c_0+c_1a_i+\cdots+c_{n-1}a_i^{n-1}=0\quad (i=1,2,\cdots,n)$$

が自明解のみをもつことである. ところが次数が $n-1$ 以下の整式は高々 $n-1$ 個の根しかもたないので, 相異なる n 個の $a_1,a_2,\cdots,a_n$ に対して $f(a_i)=0$ がなりたつための条件は $c_0=c_1=\cdots=c_{n-1}=0$ となることであるから, 上の条件はみたされる.

3-6 a が正の整数のとき $\sigma(a)=\sigma(1+1+\cdots+1)=\sigma(1)+\sigma(1)+\cdots+\sigma(1)$ (和は a 個). ここで $\sigma(1)=1$ により $\sigma(a)=a$.

a が負の整数のとき $a=-b$ (b は正の整数) とすると

$$\sigma(a)=\sigma(-b)=-\sigma(b)=-b=a.$$

$\sigma(0)=0$ であるから, 任意の整数 m に対して $\sigma(m)=m$ とな

る.

最後に任意の有理数 $\dfrac{n}{m}$ を不変にする.
$$\sigma\left(\frac{n}{m}\right) = \frac{\sigma(n)}{\sigma(m)} = \frac{n}{m}$$

3-7 (1) $\alpha > 0$ ならば $\sqrt{\alpha} \in R$. よって
$$\sigma(\alpha) = \sigma(\sqrt{\alpha}^2) = \{\sigma(\sqrt{\alpha})\}^2 > 0.$$
$\alpha > \beta$ ならば $\alpha - \beta > 0$ から $\sigma(\alpha - \beta) = \sigma(\alpha) - \sigma(\beta) > 0$.

(2) $\sigma(\alpha) \neq \alpha$ となる $\alpha \in R$ が存在したとする. $\sigma(\alpha) < \alpha$ とするとき, $\sigma(\alpha) < a < \alpha$ のような有理数をとると, $\sigma(a) = a$ であるから $a < \alpha$ から $a < \sigma(\alpha)$ となり, $\sigma(\alpha) < a$ に矛盾する. $\alpha < \sigma(\alpha)$ としても同様の矛盾を生じる. よってすべての α に対して $\sigma(\alpha) = \alpha$.

4-1 (1) $f(x)$ は Q 上既約であるから, $f(\alpha) = 0$ とすると $(Q(\alpha)/Q) = 2$. このとき $f(x)$ は $Q(\alpha)$ で 1 次因子に分解するので, $B = Q(\alpha)$. よって $(B/Q) = 2$.

(2) $f(x) = (x - \sqrt[3]{2})(x - \sqrt[3]{2}\omega)(x - \sqrt[3]{2}\omega^2)$ から $B = Q(\sqrt[3]{2}, \sqrt[3]{2}\omega, \sqrt[3]{2}\omega^2)$. ここで $F = Q(\sqrt[3]{2})$ とすると $(F/Q) = 3$ かつ $\omega \notin F, \omega \in B$. よって $F \subsetneq F(\omega) = B$. ω は $x^2 + x + 1 = 0$ の根で, しかも $\omega \notin F$ であるから $(B/F) = 2$. よって $(B/Q) = (B/F)(F/Q) = 6$.

4-2 (1) $\alpha + \beta = -\gamma$ を用いて
$$\gamma(\alpha - \beta)^2 = \gamma\{(\alpha + \beta)^2 - 4\alpha\beta\} = \gamma^3 - 4\alpha\beta\gamma.$$
$\gamma^3 = -a\gamma - b, \alpha\beta\gamma = -b$ を用いて $-a\gamma + 3b$ となる.
$$\therefore \alpha\beta\gamma D = (3b - a\alpha)(3b - a\beta)(3b - a\gamma)$$
$$= 27b^3 - 9ab^2(\alpha + \beta + \gamma) + 3a^2b(\alpha\beta + \beta\gamma + \gamma\alpha)$$
$$- a^3\alpha\beta\gamma.$$
$\alpha\beta + \beta\gamma + \gamma\alpha = a$ を用いて
$$-bD = 27b^3 + 4a^3b \quad \therefore D = -4a^3 - 27b^2$$

(2) $\alpha+\beta+\gamma=0, \alpha\beta+\beta\gamma+\gamma\alpha=a$ から, $\beta\gamma-(\beta+\gamma)\alpha$
$=a-2\alpha(\beta+\gamma)=a+2\alpha^2$
$$\therefore \sqrt{D} = (\alpha^2 - (\beta+\gamma)\alpha + \beta\gamma)(\beta-\gamma)$$
$$= (a+3\alpha^2)(\beta-\gamma).$$
よって $\beta+\gamma=-\alpha$ と $\beta-\gamma=\dfrac{\sqrt{D}}{a+3\alpha^2}$ から $\beta,\gamma \in Q(\sqrt{D},\alpha)$.
よって $B=Q(\alpha,\beta,\gamma) \subset Q(\sqrt{D},\alpha)$. 逆もなりたつので $B= Q(\sqrt{D},\alpha)$.

4-3 (1) $f(x)=x^3-3x+1$ は既約であるから $(Q(\alpha)/Q)=3$. また $D=81$ から $B=Q(\sqrt{81},\alpha)=Q(\alpha)$. よって $(B/Q)=3$.

(2) $f(x)=x^3+2x+2$ は Q 上既約であるから $(Q(\alpha)/Q)=3$. また $D=-4\cdot 8-27\cdot 4=-140$ から $\sqrt{D}=\sqrt{-140}$ となり $(Q(\sqrt{D})/Q)=2$ なので $Q(\sqrt{D}) \not\subset Q(\alpha)$ すなわち $\sqrt{D} \notin Q(\alpha)$. よって $(Q(\sqrt{D},\alpha)/Q(\alpha))=2$. ゆえに $(B/Q)=6$.

5-1 (1) $f(x)=x^2-3$ に K の要素 $0,1,\cdots,6$ のどれを代入しても 0 でないので $f(x)$ は 1 次因子をもたない. よって既約である.

(2) $f(x)=x^3-3x-5$ に対して $f(1)=f(5)=0$. これより
$$f(x) = (x-1)^2(x-5).$$

6-1 (i) $\sigma\tau$ が一対一であること.

$\sigma\tau(\alpha) = \sigma\tau(\beta) \Rightarrow \sigma\{\tau(\alpha)\} = \sigma\{\tau(\beta)\}$
$\qquad\qquad\qquad \Rightarrow \tau(\alpha) = \tau(\beta) \quad (\because \sigma \text{ が一対一})$
$\qquad\qquad\qquad \Rightarrow \alpha = \beta \quad (\because \tau \text{ が一対一})$

(ii) 同型写像であること.

$$\sigma\tau(\alpha\beta) = \sigma\{\tau(\alpha\beta)\} = \sigma\{\tau(\alpha)\tau(\beta)\} \quad (\because \tau \text{ が同型写像})$$
$$= \sigma\{\tau(\alpha)\}\sigma\{\tau(\beta)\} \quad (\because \sigma \text{ が同型写像})$$
$$= \sigma\tau(\alpha)\sigma\tau(\beta)$$

7-1 (1)

	σ_1	σ_4	σ_5
σ_1	σ_1	σ_4	σ_5
σ_4	σ_4	σ_5	σ_1
σ_5	σ_5	σ_1	σ_4

(2) $\sigma_1(J) = \sigma_4(J) = \sigma_5(J) = J$ であるから，U の不変体を B とすると $k(J) \subset B \subset E$. 一方 $(E/B) = 3, (E/k(J)) \leq 3$. よって $B = k(J)$ となる．

7-2 $Q(x)$ の要素 $f(x)$ が σ で不変とすると，
$$\sigma f(x) = f(x+1) = f(x)$$
$$\therefore \sigma f(x+1) = \sigma f(x) \text{ から } f(x+2) = f(x)$$
一般に任意の正の整数 m に対して
$$f(x+m) = f(x).$$
$f(x)$ の分母を 0 にしない x の値を a とすると
$$f(m+a) = f(a)$$
が任意の正の整数 m に対してなりたつ．いま $f(x) \notin Q$ とすると $f(x) = \dfrac{q(x)}{p(x)}$ と互いに素な多項式 $p(x), q(x)$ で表わされ
$$q(m+a) = \frac{q(a)}{p(a)} p(m+a)$$
が無数の値 $m+a$ に対してなりたつ．これは恒等的に
$$q(x) = c \cdot p(x) \quad \left(c = \frac{q(a)}{p(a)}\right)$$
がなりたつことであり，$p(x), q(x)$ が互いに素であることに反する．よって $f(x) \in Q$. 不変体は有理数体である．

8-1 (1) $Q(\sqrt{2})$ の自己同型写像は Q の要素を不変にする. $\sqrt{2}$ は Q 内の既約な $x^2-2=0$ の根である. $x^2-2=(x-\sqrt{2})(x+\sqrt{2})$ であるから, 自己同型写像は次の 2 つがある.

$1 : \sqrt{2} \to \sqrt{2}$ （恒等写像）

$\sigma : \sqrt{2} \to -\sqrt{2}$ （一般に $a+b\sqrt{2} \to a-b\sqrt{2}$）

(2) $Q(\sqrt[3]{2})$ の自己同型写像を σ とする. $(\sqrt[3]{2})^3=2$ から $\sigma(\sqrt[3]{2})^3=\sigma(2)$. $\therefore \{\sigma(\sqrt[3]{2})\}^3=2$.

$\therefore \sigma(\sqrt[3]{2})=\sqrt[3]{2}$ または $\sqrt[3]{2}\omega$ または $\sqrt[3]{2}\omega^2$.

ところがあとの 2 数は虚数であるから $Q(\sqrt[3]{2})$ に含まれない. よって $\sigma(\sqrt[3]{2})=\sqrt[3]{2}$ であり, σ は恒等写像である.

8-2 $E=Q(\sqrt{2},\sqrt{3})$ は分離多項式 $f(x)=(x^2-2)(x^2-3)$ の分解体であるから正規拡大体である. 自己同型写像は $\sqrt{2},\sqrt{3}$ の像によって定まり

$$(\sqrt{2},\sqrt{3}) \to \begin{cases} (\sqrt{2},\sqrt{3}), (-\sqrt{2},\sqrt{3}) \\ (\sqrt{2},-\sqrt{3}), (-\sqrt{2},-\sqrt{3}) \end{cases}$$

の 4 つの可能性がある. ところが $(Q(\sqrt{2})/Q)=2$ であり, $\sqrt{3} \notin Q(\sqrt{2})$ であるから $(Q(\sqrt{2},\sqrt{3})/Q(\sqrt{2}))=2$, すなわち $(Q(\sqrt{2},\sqrt{3})/Q)=4$ であるから, 上の 4 つの写像がすべて自己同型写像を定める.

8-3 $x^3-2=(x-\sqrt[3]{2})(x-\sqrt[3]{2}\omega)(x-\sqrt[3]{2}\omega^2)$

であるから, x^3-2 の分解体は

$$B=Q(\sqrt[3]{2},\sqrt[3]{2}\omega,\sqrt[3]{2}\omega^2).$$

よって $\omega=\dfrac{\sqrt[3]{2}\omega}{\sqrt[3]{2}} \in B$ であり, $Q(\sqrt[3]{2},\omega) \subset B$. 逆もなりたつので

$$B=Q(\sqrt[3]{2},\omega).$$

ω は 2 次方程式 $x^2+x+1=0$ の根であり, 虚数であるから $Q(\sqrt[3]{2})$ に含まれない. よって $(Q(\sqrt[3]{2},\omega)/Q(\sqrt[3]{2}))=2$ であり, $(Q(\sqrt[3]{2})/Q)=3$ とあわせて $(Q(\sqrt[3]{2},\omega)/Q)=6$.

一方 $Q(\sqrt[3]{2},\omega)$ の自己同型写像は $\sqrt[3]{2}$ を $\sqrt[3]{2},\sqrt[3]{2}\omega,\sqrt[3]{2}\omega^2$ のいずれかに写像し, ω を ω,ω^2 のいずれかに写像するので, 6通りの可能性しかないが, 拡大次数が6であるから, この6通りがすべて自己同型写像である.

$$(\sqrt[3]{2},\omega) \to \begin{cases} (\sqrt[3]{2},\omega), (\sqrt[3]{2}\omega,\omega), (\sqrt[3]{2}\omega^2,\omega) \\ (\sqrt[3]{2},\omega^2), (\sqrt[3]{2}\omega,\omega^2), (\sqrt[3]{2}\omega^2,\omega^2) \end{cases}$$

8-4 U_1 の不変体を K_1 とすると $(K_1/Q)=4$. さらに
$$\sigma\tau\{(1+i)\sqrt[4]{2}\} = \sigma\{(1-i)\sqrt[4]{2}\} = (1-i)i\sqrt[4]{2}$$
$$= (1+i)\sqrt[4]{2}.$$
よって B_1 は K_1 に含まれる. 一方 $\{(1+i)\sqrt[4]{2}\}^4 = -8$ であり x^4+8 は Q 上既約であるから $(B_1/Q)=4$. よって B_1 は K_1 に一致する. 他も同様である.

8-5 (1) B_1B_2 に対応する部分群を U とする. $B_1 \subset B_1B_2$ であるから $U_1 \supset U$. 同様に $U_2 \supset U$ であり $U_1 \cap U_2 \supset U$. ところが体 B_1B_2 は B_1 と B_2 の要素の有理式として表わされる要素の全体である. よって B_1B_2 の要素は $U_1 \cap U_2$ によって不変であり, $U_1 \cap U_2 \subset U$. よって $U = U_1 \cap U_2$.

(2) $B_1 \cap B_2$ に対応する部分群を V とすると $B_1 \supset B_1 \cap B_2$ から $U_1 \subset V$. 同様に $U_2 \subset V$. よって $W \subset V$. 一方 W の不変体を B とすると $W \supset U_1$ から $B \subset B_1$. 同様に $B \subset B_2$ となり $B \subset B_1 \cap B_2$. よって $W \supset V$ となり $V = W$ となる.

8-6 (1) K に含まれない E の要素 α をとる. $1,\alpha,\alpha^2$ は K 上線形従属であるから $a\alpha^2+b\alpha+c=0$ $(a,b,c \in K)$ のような関係がある. ここで a,b,c の少なくとも 1 つは 0 でない. $\alpha \notin K$ から $a \neq 0$ で, $f(x)=ax^2+bx+c$ は既約. よって $(K(\alpha)/K)=2$ となり, $E=K(\alpha)$. $f(x)=a(x-\alpha)(x-\beta)$ とすると $\beta = -\dfrac{b}{a} - \alpha \in E$ であるから E は $f(x)$ の分解体である. さらに K の標数は 2 でないので $f(x)$ は分離的であり (定理25, 系

1 参照), E は K の正規拡大体である.

(2) $Q(\sqrt[3]{2})$ は Q 上正規でない. $Q(\sqrt[3]{2})$ の自己同型写像は恒等写像のみであるから (問題 8-1), 不変体が Q であるような自己同型群は存在しない.

8-7 (1) 正しい. B_1, B_2 は正規拡大体であるから, ある多項式 $f_1(x), f_2(x)$ の分解体である.

$B_1 = K(\alpha_1, \beta_1, \cdots, \delta_1)$ $\alpha_1, \beta_1, \cdots, \delta_1$ は $f_1(x) = 0$ の根

$B_2 = K(\alpha_2, \beta_2, \cdots, \delta_2)$ $\alpha_2, \beta_2, \cdots, \delta_2$ は $f_2(x) = 0$ の根

すると $B_1 B_2 = K(\alpha_1, \beta_1, \cdots, \delta_1, \alpha_2, \beta_2, \cdots, \delta_2)$ であり, これは K 内の多項式 $f(x) = f_1(x) f_2(x)$ の分解体である. よって $B_1 \cdot B_2$ も K 上正規である.

(2) 正しくない. $Q(\sqrt[4]{2})$ の自己同型写像は恒等写像と $\sigma: \sqrt[4]{2} \to -\sqrt[4]{2}$ だけである. $\{1, \sigma\}$ の不変体は $Q(\sqrt{2})$ であって Q でないから $Q(\sqrt[4]{2})$ は Q 上の正規拡大体ではない. ところが $Q(\sqrt[4]{2})$ は $Q(\sqrt{2})$ 上正規であり, $Q(\sqrt{2})$ は Q 上正規である.

8-8 E の K 上の自己同型群を G とし, 中間体 B に対応する部分群を U とする. $G = \tau_1 U \cup \tau_2 U \cup \cdots \cup \tau_m U$ とすると B の E 内への相異なる同型写像の全体は, $\tau_1, \tau_2, \cdots, \tau_m$ を B に制限した写像の全体である. よって
$$S(\theta) = \tau_1 \theta + \tau_2 \theta + \cdots + \tau_m \theta$$
であり, 一方 G の任意の要素 τ に対して $\tau\tau_1, \tau\tau_2, \cdots, \tau\tau_m$ は $\tau_1, \tau_2, \cdots, \tau_m$ と同様に U による剰余類の代表である. よって
$$S(\theta) = \tau\tau_1 \theta + \tau\tau_2 \theta + \cdots + \tau\tau_m \theta = \tau\{S(\theta)\}$$
よって $S(\theta) \in K$.

同様のことは $f(x)$ の係数のすべてについて同様である.

9-1 (1) $f = a_0 + a_1 x + \cdots$, $g = b_0 + b_1 x + \cdots$ として定義をあてはめればよい.

(2) $\qquad \{(f_1 + f_2) g\}' = (f_1 g)' + (f_2 g)'$

であるから，f_1, f_2 について結果が正しいときは
$$\{(f_1+f_2)g\}' = f_1'g + f_1g' + f_2'g + f_2g'$$
$$= (f_1'+f_2')g + (f_1+f_2)g'$$
$$= (f_1+f_2)'g + (f_1+f_2)g'$$
となり，f_1+f_2 についてなりたつ．よって f, g が単項式のときに示せばよい．

$f = ax^m, g = bx^n$ のとき
$$(fg)' = (abx^{m+n})' = (m+n)abx^{m+n-1}$$
$$f'g + fg' = max^{m-1} \cdot bx^n + ax^m \cdot nbx^{n-1}$$
$$= ab(m+n)x^{m+n-1}$$

となり，単項式のとき正しいことがわかる．

9-2 E_1 は K 上，E_2 は E_1 上分離的とする．E_2 の要素 α は E_1 上のある既約方程式
$$f(x) = x^m + a_1 x^{m-1} + \cdots + a_m = 0 \quad (a_i \in E_1)$$
の根である．$B = K(a_1, \cdots, a_m)$ は K 上の分離的かつ有限次拡大体であり，$B(\alpha)$ はその上の分離的かつ有限次拡大体であるから，定理 23 により α は K 上分離的である．α は E_2 の任意の要素であるから，E_2 は K 上分離的である．

9-3 (1) 集合 $I = \{ax + ny | x, y \in Z\}$ の中で，最小な正の数を e とする．I の任意の要素を u とし，$u = eq + r, 0 \leqq r < e$ とすると
$$r = u - eq$$
であり，u, e がそれぞれ $ax' + ny', ax'' + ny''$ と表わされるので，r も同じように表わされる．すなわち $r \in I$．よって e, r のとり方とあわせて $r = 0$．すなわち I の要素はすべて e の倍数である．

とくに a と n は e の倍数であるが，a と n は互いに素である

から $e=1$. すなわち $e=1 \in I$ となるので，$1 = ax + ny$ ($x, y \in Z$) と表わされる.

(2) とくに，a が素数 p で割りきれないとき，$ax + py = 1$ となる整数 x, y が存在する. よって $axb + pyb = b$ であり，xb を改めて x と書くと，$ax - b$ は p の倍数であるから $ax \equiv b \pmod{p}$ がなりたつ. また $ax' \equiv b \pmod{p}$ とすると $a(x - x') \equiv 0 \pmod{p}$ となり，a は p で割りきれないので $x - x'$ は p で割りきれ，$x \equiv x' \pmod{p}$ となる.

9-4 $\sigma_n(a) = \sigma_n(b)$ とすると $a^{p^n} = b^{p^n}$. よって
$$(a - b)^{p^n} = a^{p^n} - b^{p^n} = 0 \quad \therefore a = b.$$
よって σ_n は一対一である. しかも
$$(a + b)^{p^n} = a^{p^n} + b^{p^n} \text{ から } \sigma_n(a + b) = \sigma_n(a) + \sigma_n(b).$$
また $(ab)^{p^n} = a^{p^n} b^{p^n}$ から $\sigma_n(ab) = \sigma_n(a) \sigma_n(b)$ となり，σ_n は K から K 内への自己同型写像である.

9-5 (1) $\alpha \neq \beta$ とし，α, β の K 上の既約多項式を $f(x)$, $g(x)$ とすると $f(x), g(x)$ は分離的である. すると $f(x)g(x)$ は分離的であり，この多項式の分解体を E とすれば E/K は正規拡大体である.

(2) $i \neq j$ のとき $\sigma_i \beta - \sigma_j \beta = 0$ かつ $\sigma_i \alpha - \sigma_j \alpha = 0$ とすると σ_i と σ_j は α, β に対して像が等しいので，$K(\alpha, \beta)$ の任意の要素に対して像が等しく $\sigma_i = \sigma_j$ となってしまう. よって $g(t)$ の各因数は零多項式ではない. すると $g(t) = 0$ となる t は有限個にすぎないので，K 内に $g(c) \neq 0$ ならしめる c が存在する.

(3) $g(c) \neq 0$ から $(\sigma_i \beta - \sigma_j \beta) c + \sigma_i \alpha - \sigma_j \alpha \neq 0$
$$\therefore \sigma_i(\alpha + c\beta) \neq \sigma_j(\alpha + c\beta)$$
よって $\sigma_1, \sigma_2, \cdots, \sigma_n$ は $K(\gamma)$ から E 内への相異なる n 個の同型写像である. 定理 13 により $(K(\gamma)/K) \geq n$. 一方 $K \subset$

$K(\gamma) \subset K(\alpha,\beta)$ であり，$(K(\alpha,\beta)/K) = n$. よって $K(\alpha,\beta) = K(\gamma)$.

9-6 (1) $\gamma = \sqrt{-3} + \sqrt{2}$ とおくと $\gamma^2 - 2\sqrt{2}\gamma + 2 = -3$ から
$$\sqrt{2} = \frac{\gamma^2 + 5}{2\gamma} \in Q(\gamma)$$
したがってまた $\sqrt{-3} = \gamma - \sqrt{2} \in Q(\gamma)$. よって $Q(\sqrt{-3},\sqrt{2}) \subset Q(\gamma)$. 逆に $\gamma = \sqrt{-3} + \sqrt{2} \in Q(\sqrt{-3},\sqrt{2})$ なので $Q(\sqrt{-3},\sqrt{2}) = Q(\gamma)$. また $\sqrt{-3} \notin Q(\sqrt{2})$ から $(Q(\sqrt{-3},\sqrt{2})/Q) = 4$.

(2) $\gamma = \sqrt[3]{2} + \sqrt{2}$ とおくと $(\gamma - \sqrt{2})^3 = 2$ から $\gamma^3 - 3\gamma^2\sqrt{2} + 3\gamma \cdot 2 - 2\sqrt{2} = 2$.
$$\therefore \sqrt{2} = \frac{\gamma^3 + 6\gamma - 2}{3\gamma^2 + 2} \in Q(\gamma)$$
よって $\sqrt[3]{2} = \gamma - \sqrt{2} \in Q(\gamma)$. よって $Q(\sqrt[3]{2},\sqrt{2}) \subset Q(\gamma)$. 逆もなりたち一致する. また $\sqrt{2} \in Q(\sqrt[3]{2})$ とすると, $Q \subset Q(\sqrt{2}) \subset Q(\sqrt[3]{2})$ である反面, $(Q(\sqrt[3]{2})/Q) = 3, (Q(\sqrt{2})/Q) = 2$ となって矛盾する. よって $\sqrt{2} \notin Q(\sqrt[3]{2})$ であり $(Q(\sqrt[3]{2},\sqrt{2})/Q) = 6$.

(3) $\alpha^3 - \alpha + 1 = 0, \beta^2 - 2\beta + 2 = 0$ として $\alpha + \beta = \gamma$ とおき，$\alpha = \gamma - \beta$ を第1式に代入し，$\beta^2 = 2\beta - 2$ を用いると
$$\beta(3\gamma^2 - 6\gamma + 1) = \gamma^3 - 7\gamma + 5.$$
これから $\beta \in Q(\gamma)$ となり，つづいて $\alpha \in Q(\gamma)$. よって $Q(\alpha,\beta) \subset Q(\gamma)$. 逆もなりたつので $Q(\alpha,\beta) = Q(\gamma)$. また $\beta \in Q(\alpha)$ とすると $Q(\alpha)$ は2次の部分体をもって矛盾するので $\beta \notin Q(\alpha)$. よって $Q(\alpha,\beta)$ は6次.

9-7 $\sigma : \sqrt[3]{2} \to \sqrt[3]{2}\omega, \omega \to \omega, \tau : \sqrt[3]{2} \to \sqrt[3]{2}, \omega \to \omega^2$ とすると，$1, \sigma, \sigma^2, \tau, \tau\sigma, \tau\sigma^2$ はすべて $Q(\sqrt[3]{2},\omega)$ の自己同型写像であり，これで尽される. $\gamma = \sqrt[3]{2} + \omega$ とおくと，これら自己同型写像による γ の像は異なるので $(Q(\gamma)/Q) \geqq 6$ となり，$Q \subset Q(\gamma) \subset Q(\sqrt[3]{2},\omega)$ とあわせて $Q(\sqrt[3]{2},\omega) = Q(\gamma)$ となる.

$G = \{1, \sigma, \sigma^2, \tau, \tau\sigma, \tau\sigma^2\}$ の部分群とそれに対する部分体は次のダイアグラムのようになる.

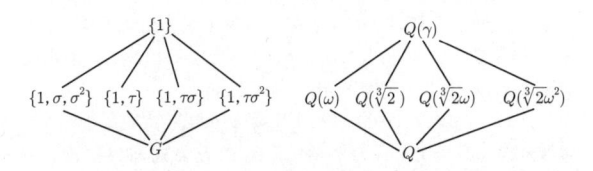

```
           {1}                              Q(γ)
    ╱   ╱   ╲   ╲                   ╱   ╱   ╲   ╲
{1,σ,σ²} {1,τ} {1,τσ} {1,τσ²}   Q(ω) Q(∛2) Q(∛2ω) Q(∛2ω²)
    ╲   ╲   ╱   ╱                   ╲   ╲   ╱   ╱
           G                                 Q
```

9-8 前半は前問と同じである. 後半

$$\sigma : \sqrt[4]{2} \to i\sqrt[4]{2}, \ i \to i, \quad \tau : \sqrt[4]{2} \to \sqrt[4]{2}, \ i \to -i$$

とすると, $Q(\gamma)$ の自己同型群は

$$G = \{1, \sigma, \sigma^2, \sigma^3, \tau, \tau\sigma, \tau\sigma^2, \tau\sigma^3\}$$

であり,

$$U_1 = \{1, \sigma^2\}, \quad U_2 = \{1, \tau\}, \quad U_3 = \{1, \tau\sigma\}$$
$$U_4 = \{1, \tau\sigma^2\}, \quad U_5 = \{1, \tau\sigma^3\}$$
$$V_1 = \{1, \sigma, \sigma^2, \sigma^3\} \quad V_2 = \{1, \sigma^2, \tau, \tau\sigma^2\}$$
$$V_3 = \{1, \sigma^2, \tau\sigma, \tau\sigma^3\}$$

とおくと, 次のダイアグラムを得る.

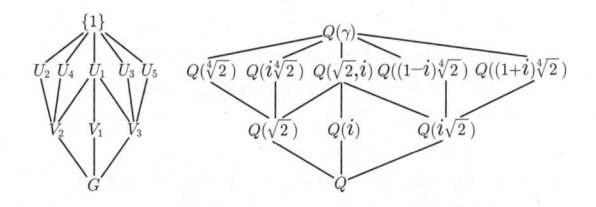

```
           {1}                                      Q(γ)
     ╱ ╱ ╱ ╲ ╲                          ╱  ╱   ╱    ╲    ╲
  U₂ U₄ U₁ U₃ U₅              Q(∜2) Q(i∜2) Q(√2,i) Q((1-i)∜2) Q((1+i)∜2)
     ╲ ╲ ╱ ╱                            ╲   ╲    ╱     ╱
    V₂ V₁ V₃                            Q(√2) Q(i) Q(i√2)
     ╲ │ ╱                                 ╲   │   ╱
        G                                       Q
```

10-1 3次の対称群では,位数の極大値は3であるが,位数2の要素,たとえば互換 (1 2) が存在する.

10-2 (1), (2) は略.(3) S は有限群であるから,基底定理により巡回部分群 $S_1, S_2, \cdots, S_k$ が存在して,S_i の位数 n_i は S_{i+1} の位数 n_{i+1} の約数である.$k \geqq 2$ とすると S_1, S_2 の生成要素を s_1, s_2 とし,$n_2 = n_1 m$ とすると
$$1, s_1, s_1^2, \cdots, s_1^{n_1-1}, s_2^m, s_2^{2m}, \cdots, s_2^{(n_1-1)m}$$
はすべて $x^{n_1} = 1$ をみたすので,n_1 次方程式 $x^{n_1} - 1 = 0$ が $n_1 + 1$ 個以上の根をもつことになって矛盾する.よって $k = 1$ であり,S は巡回群 S_1 に一致する.

10-3 有限生成のアーベル群の基底定理によって G は巡回群 $G_1, G_2, \cdots, G_k$ の直積である.このとき G_i の中に有限位数のものは存在しない.G_i の生成要素を g_i とすると G_i の要素は一意的に $g_i^{x_i}$ (x_i は整数) と表わされ,直積の定義から G の任意の要素は $g = g_1^{x_1} g_2^{x_2} \cdots g_k^{x_k}$ と一意的に表わされる.

次に $h_1, h_2, \cdots, h_l$ が存在して,G の任意の要素は一意的に $h_1^{y_1} h_2^{y_2} \cdots h_l^{y_l}$ と表わされるとする.$l > k$ とすると矛盾であることを示せばよい.
$$h_i = g_1^{a_{1i}} g_2^{a_{2i}} \cdots g_k^{a_{ki}} \quad (i = 1, 2, \cdots, l)$$
とし,次の連立方程式を考える.
$$\begin{cases} a_{11} y_1 + a_{12} y_2 + \cdots + a_{1l} y_l = 0 \\ \cdots\cdots\cdots\cdots\cdots\cdots\cdots\cdots\cdots \\ a_{k1} y_1 + a_{k2} y_2 + \cdots + a_{kl} y_l = 0 \end{cases}$$
ここで $l > k$ であるから,この連立方程式は非自明な整数解をもつ.すると
$$h_1^{y_1} h_2^{y_2} \cdots h_l^{y_l} = 1$$
となり,$h_1^0 h_2^0 \cdots h_l^0 = 1$ でもあるから,1 が 2 通りに表わされたことになり,一意性に反する.

10-4 (1) G/U の任意の要素は gU と表わされ, g は G_i の要素 x_i によって $g = x_1 x_2 \cdots x_k$ と一意的に表わされる. ここに x_i は g_i の累乗である. このうち $x_1, x_2, \cdots, x_l$ が U に属するので

(*)　　$gU = (x_{l+1} x_{l+2} \cdots x_k)U = x_{l+1} U x_{l+2} U \cdots x_k U$

ここで $j > i$ に対する $x_j U$ は $g_j U$ によって生成される巡回群の要素である. このときさらに

$$gU = x'_{l+1} U \cdots x'_k U$$

とすると, $g = x'_1 \cdots x'_l x'_{l+1} \cdots x'_k$ となる G_i の要素 x'_i ($i = 1, 2, \cdots, l$) が存在する. g の表わし方の一意性によって $x'_{l+1} = x_{l+1}$, $\cdots$, $x'_k = x_k$ となり (*) の表わし方は一意的となる.

(2) G がアーベル群であることから, U は G の部分群であり, $U' \subset U$ である. 次に $g \in U$ とすると

$$g = x_1 \cdots x_l x_{l+1} \cdots x_k$$

と表わされる. ここでたとえば $x_{l+1} \neq e$ とすると, 任意の自然数 n に対して

$$g^n = x_1^n \cdots x_l^n x_{l+1}^n \cdots x_k^n, \qquad x_{l+1}^n \neq e$$

であるから, $g^n = e$ とならない. よって $g \in U$ であるためには $x_{l+1} = e$. 同様にして $x_{l+2} = \cdots = x_k = e$. よって $U \subset U'$. あわせて $U = U'$.

(3) (1) によって G/U は $g_{l+1} U, \cdots, g_k U$ の生成する巡回部分群の直積であり, これらはすべて無限巡回群である. よって G/U は階数 $k - l$ の自由アーベル群である.

10-5 K における写像 $\sigma_r : x \to x^{p^r}$ は K から K の上への自己同型写像であるから, 任意の a に対して $x^{p^r} = a$ となる x が存在する. また写像 $a \to a^{p^{-r}}$ は同型写像 σ_r の逆写像であるから, K の自己同型写像である.

10-6 (1) K_r は $x^{p^r} - x = 0$ の根の全体である. s を r の約

数とすると，p^s-1 は p^r-1 の約数であるから
$$x^{p^r} - x = x(x^{p^r-1} - 1) = x(x^{p^s-1} - 1)g(x)$$
と分解されるので，K_r は $x^{p^s} - x$ の根をすべて含む．この根の全体は体 K'_s をつくるので，K_r には要素の個数が p^s の体は少なくとも1つ存在する．ところが逆にそのような体 K_s の要素はすべて $x^{p^s} - x = 0$ をみたすので，$K_s = K'_s$．

(2) K_r の部分体 B は Q_p の拡大体であるから，ある s についての $x^{p^s} - x = 0$ の根の全体であり，Q_p 上 s 次である．

K_r は Q_p 上の正規拡大体であり，自己同型群 G_r は位数 r の巡回群である．よって K の部分体 B に対応する部分群 U の位数を f とすると $r = sf$ であり，(1) のようなものに限る．

(3) (2) で示したように K_r は K_s 上 f 次の正規拡大体であり，自己同型群 U は位数 f の巡回群である．

10-7 (1) Q_5 の要素は $0, 1, 2, 3, 4$ であり，この平方は $0, 1, 4, 4, 1$ であるから，2乗して $2, 3$ となる要素は存在しない．よって $x^2 - 2, x^2 - 3$ は既約である．

(2) $a, b \in Q_5$ として $(a + b\theta)^2 = 3$ とすると $a^2 + 2b^2 + 2ab\theta = 3$．$a = 0, b = 2$ がこれをみたすので $(2\theta)^2 = 3$．よって $x^2 - 3$ は $Q_5(\theta)$ で可約である．

10-8 (1) 有限体 Q_p の0でない要素は $x^{p-1} - 1$ の根であるから，Q_p で
$$x^{p-1} - 1 = \prod_{\alpha \in Q_p^\times} (x - \alpha)$$
となる．これは与えられた合同式を Q_p で考えたものにほかならない．

(2) $x = 0$ とおけばよい．

10-9 有限体 K の要素の個数を q, $(E/K) = f$ とし，有限体 E の乗法群 $E^\times$ の生成要素を ε とすると，ε は1の $q^f - 1$ 乗

根である. E の K 上の自己同型群は
$$\sigma : \varepsilon \to \varepsilon^q$$
によって生成される巡回群である. このとき
$$N(\varepsilon) = \prod_{i=0}^{f-1} \varepsilon^{q^i} = \varepsilon^{1+q+\cdots+q^{f-1}} = \rho$$
とおくと ε の位数が q^f-1 であるから, ρ の位数は $q-1$ である. よって $K^\times$ の要素は ρ の累乗であり, $\alpha \to N\alpha$ は K の上への写像である.

また $S(\varepsilon) = \varepsilon + \varepsilon^q + \cdots + \varepsilon^{q^{f-1}} = \eta$ とおくと
$$\eta^{q-1} = (\varepsilon + \varepsilon^q + \cdots + \varepsilon^{q^{f-1}})^q \eta^{-1}$$
$$= (\varepsilon^q + \varepsilon^{q^2} + \cdots + \varepsilon^{q^{f-1}} + \varepsilon) \eta^{-1} = \eta \eta^{-1} = 1$$
であるから, η は 0 でない K の要素である. $a \in K^\times$ を任意にとると
$$S(a\varepsilon) = aS(\varepsilon) = a\eta$$
であり, これは $K^\times$ の任意の要素となるので, $\alpha \to S(\alpha)$ も K の上への写像である.

11-1 i と n は互いに素とする. $(\varepsilon^i)^m = 1$ であるための条件は, im が n で割りきれることである. ところが i と n は互いに素であるから, これは m が n で割りきれることである. すなわち ε^i の位数も n であり, ε^i は 1 の原始 n 乗根である. 逆に ε^i が 1 の原始 n 乗根ならば $(\varepsilon^i)^m = \varepsilon$ となる整数 m が存在する. よって $im-1$ は n で割りきれるので, i と n は互いに素である.

11-2 (1) $\Phi_3(x) = x^2 + x + 1$, $\Phi_4(x) = x^2 + 1$, $\Phi_5(x) = x^4 + x^3 + x^2 + x + 1$, $\Phi_6(x) = x^2 - x + 1$.

(2) m を奇数とする. ε を原始 $2m$ 乗根とすると ε^m は 2 乗してはじめて 1 となるので $\varepsilon^m = -1$. m は奇数であるから $(-\varepsilon)^m = 1$. よって $-\varepsilon$ は原始 m 乗根であるから $\Phi_m(-\varepsilon) = $

0. よって ε は $\Phi_m(-x)$ の根であり，$\Phi_{2m}(x)$ は $\Phi_m(-x)$ の約数である．ところが $\Phi_m(-x)$ は既約であるから $\Phi_{2m}(x) = \Phi_m(-x)$.

(3) $\Phi_m(x^p) = 0$ の根を ε とすると ε^p は 1 の原始 m 乗根であるから，ε^p の位数は m である．よって ε の位数は m または mp である．逆にそのような数はすべて $\Phi_m(x^p)$ の根である．よって $\Phi_m(x^p) = \Phi_m(x)\Phi_{mp}(x)$ となる．

11-3 (1) $\Phi_p(x)$ が既約であることと $\Phi_p(x+1)$ が既約であることとは同値である．$\Phi_p(x) = \dfrac{x^p - 1}{x - 1}$ であるから

$$\Phi_p(x+1) = \frac{(x+1)^p - 1}{(x+1) - 1} = x^{p-1} + \sum_{k=1}^{p-2} {}_pC_k x^{p-k-1} + p.$$

ここで ${}_pC_k$ $(k = 1, 2, \cdots, p-2)$ は p で割りきれるので，この多項式は問題 2-7 の条件をみたす．よって $\Phi_p(x+1)$ は既約である．

(2) $x^{p^n} - 1 = 0$ の根のうち，原始根でないものは p^{n-1} 乗して 1 になるので

$$\begin{aligned}\Phi_{p^n}(x) &= \frac{x^{p^n} - 1}{x^{p^{n-1}} - 1} \\ &= x^{p^{n-1}(p-1)} + x^{p^{n-1}(p-2)} + \cdots + x^{p^{n-1}} + 1 \\ &= \Phi_p(x^{p^{n-1}})\end{aligned}$$

である．いま $x^{p^{n-1}} = y$ とおくと $\Phi_{p^n}(x) = \Phi_p(y)$ であるから
$\Phi_{p^n}(x+1)$
$= \Phi_p((x+1)^{p^{n-1}}) = \Phi_p(x^{p^{n-1}} + (p \text{ で割りきれる項}) + 1)$
$= \{x^{p^{n-1}} + (p \text{ で割りきれる項})\}^{p-1} + (p \text{ で割りきれる項}) + p$
$= x^{p^{n-1}(p-1)} + (p \text{ で割りきれる項}) + p.$

これは問題 2-7 の条件をみたすので既約であり，よって $\Phi_{p^n}(x)$ も既約である．

12-1 $N(\beta) = \beta \cdot \sigma(\beta) = \left(\dfrac{3}{5} + \dfrac{4}{5}i\right)\left(\dfrac{3}{5} - \dfrac{4}{5}i\right) = 1$

$x_1 = 1, x_\sigma = \beta$ であるから，ネーター等式の解としての $\alpha = 1 + \beta$ を用いればよい．事実

$$\sigma(\alpha)\beta = (1 + \sigma(\beta))\beta = \beta + 1 = \alpha, \qquad \sigma(\alpha) \neq 0$$

から $\beta = \dfrac{\alpha}{\sigma(\alpha)}$ となる．すなわち $\alpha = \dfrac{8}{5} + \dfrac{4}{5}i$.

13-1 β を $x^n - b = 0$ の 1 根とし，β が K 上でみたす既約多項式 $f(x)$ の次数を r とする．$f(x)$ は

$$x^n - b = (x - \beta)(x - \varepsilon\beta)\cdots(x - \varepsilon^{n-1}\beta)$$

の約数であるから

$$f(x) = \prod_\nu {}'(x - \varepsilon^\nu \beta).$$

ここに $\prod'$ は適当な r 個の ν についての積．すると $f(x)$ の定数項 $\prod_\nu{}'(-\varepsilon^\nu\beta)$ は K の要素であり，$-\varepsilon^\nu \in K$ から $\beta^r \in K$. $\beta^r = a$ とおくと，β は K 内の多項式 $x^r - a$ の根である．よって $f(x)$ のとり方から

$$f(x) = x^r - a.$$

ここで $r = (K(\beta)/K)$ であり，もし $\beta^s = c \in K$ $(s < r)$ とすると β は $x^s - c = 0$ の根となるので r のとり方に矛盾する．よって r は β^r が K に含まれる最小の正の整数である．

β_2 を $x^r - a = 0$ をみたさない $x^n - b$ の他の根とすると $K(\beta) = K(\beta_2)$ であるから，上と同じ r によって β_2 は $x^r - a_2 = 0$ の根である．よって

$$x^n - b = (x^r - a)(x^r - a_2)\cdots(x^r - a_s)$$

となり，$n = rs$ である．ここで $a_i^s = \beta_i^{rs} = \beta_i^n = b$ $(i = 1, \cdots, s;$ ただし $a_1 = a)$ であるから $a_1, \cdots, a_s$ は $x^s = b$ の根である．よって互いに 1 の s 乗根だけ異なるので，適当に並べかえて $a, a\varepsilon^r, \cdots, a\varepsilon^{r(s-1)}$ となる．

13-2 $f(x) = x^p - b$ の分解体を E とする.$f'(x) = px^{p-1} = 0$ と $f(x) = 0$ とは共通根をもたないので,$f(x) = 0$ の根はすべて異なる.$f(x) = 0$ の2根を β, β' とし,$\varepsilon = \beta'\beta^{-1}$ とおくと,$\varepsilon \in E$ であり
$$\varepsilon^p = \varepsilon'^p \varepsilon^{-p} = b \cdot b^{-1} = 1, \qquad \varepsilon \neq 1$$
であるから,ε は1の原始 p 乗根である.いま $f(x)$ が K 内で真の約数 $g(x)$ をもったとする.$g(x)$ の次数を r として $(r < p)$
$$g(x) = \prod_\nu{}'(x - \varepsilon^\nu \beta) \quad (\prod{}' \text{ は適当な } r \text{ 個の } \nu \text{ についての積})$$
とすると,$g(x)$ の定数項は $\pm \varepsilon^\mu \beta^r$ の形をしているので
$$\varepsilon^\mu \beta^r = c \in K, \qquad \beta^p = b \in K.$$
いま $0 < r < p$ であり,p は素数であるから $rx + py = 1$ となる整数 x, y が存在するので
$$c^x b^y = (\varepsilon^\mu \beta^r)^x (\beta^p)^y = \varepsilon^{\mu x} \beta \in K$$
すなわち $b = (\varepsilon^{\mu x} \beta)^p$ は K 内の要素の p 乗となって仮定に反するので,上のような $g(x)$ は存在しない.

13-3 (1) $f(\alpha + \nu) = (\alpha + \nu)^p - (\alpha + \nu) - a = \alpha^p - \alpha - a = 0$

(2) $f(x) = 0$ の根は $\alpha, \alpha + 1, \cdots, \alpha + p - 1$ であるからすべて異なる.しかも $\alpha + \nu \in K(\alpha)$ であるから,K 上 p 次の拡大体 $K(\alpha)$ は分離多項式 $f(x)$ の分解体であるから,正規拡大体である.また
$$\sigma : \alpha \to \alpha + 1 \text{ とおくと } \sigma^\nu : \alpha \to \alpha + \nu$$
であるから,自己同型群は σ の生成する巡回群である.

13-4 (1) G の位数が素数 p であるから,G の要素 $\sigma \neq 1$ は G を生成する.

(2) G の要素 $1, \sigma, \sigma^2, \cdots, \sigma^{p-1}$ の線形独立性による(定理12,系).

(3) まず,
$$\sigma(b) = \sum_{\nu=0}^{p-1} \sigma^{\nu+1}(\theta) = \sum_{\nu=1}^{p} \sigma^\nu(\theta) = b,$$
$$\sigma(\alpha) - \alpha = -\frac{1}{b}\left(\sum_{\nu=0}^{p-1} \nu \sigma^{\nu+1}(\theta) - \sum_{\nu=0}^{p-1} \nu \sigma^\nu(\theta)\right)$$
$$= -\frac{1}{b}\left(\sum_{\nu=1}^{p}(\nu-1)\sigma^\nu(\theta) - \sum_{\nu=0}^{p-1}\nu\sigma^\nu(\theta)\right)$$
$$= \frac{1}{b}\sum_{\nu=1}^{p}\sigma^\nu(\theta) = 1$$
$$\therefore \sigma(\alpha) = \alpha + 1$$

これから, $\sigma^\nu(\alpha) = \sigma^{\nu-1}(\alpha+1) = \sigma^{\nu-1}(\alpha) + 1 = \cdots = \alpha + \nu$ $(\nu = 0, 1, \cdots, p-1)$

(4) $\sigma(\alpha) \neq \alpha$ であるから $K(\alpha) \supsetneq K$ であり, $(E/K) = p$ であるから $E = K(\alpha)$. さらに $a = \alpha^p - \alpha$ とおくと
$\sigma(a) = \sigma(\alpha)^p - \sigma(\alpha) = (\alpha+1)^p - (\alpha+1) = \alpha^p - \alpha = a$.
よって $a \in K$ であり, α は $x^p - x - a = 0$ $(a \in K)$ の根である.

第3章

1-1 (1) 与えられた置換で不変の文字を除いておく. 次に i_1 から始めて $i_1 \to i_2, i_2 \to i_3, \cdots$ のように写像される文字を順に追っていくといつかは $i_m \to i_1$ となる. その途中で同一文字は表われないので, 巡回置換 $(i_1\ i_2\ \cdots\ i_m)$ が得られる. 次にこれらの文字に含まれない文字 j_1 をとり, 再び $(j_1\ j_2\ \cdots\ j_n)$ をつくる. これを繰り返して得られる巡回置換の積をつくればよい. また
$$(i_1\ i_2\ \cdots\ i_m) = (i_1\ i_m)(i_1\ i_{m-1})\cdots(i_1\ i_2).$$
(2) $(1\ 2\ 3)(5\ 6\ 7) = (1\ 3)(1\ 2)(5\ 7)(5\ 6)$

1-2 m 次の巡回置換 $\rho = (i_1\ i_2\ \cdots\ i_m)$ に対して
$$\rho^n : i_1 \to i_{n+1} \quad (n+1 \bmod m)$$
であるから, ρ の位数は m に等しい. 次に $\rho_1, \cdots, \rho_r$ は共通の文字を含まないので
$$\sigma^n = \rho_1^n \rho_2^n \cdots \rho_r^n$$
であり, $\sigma^n = 1$ であるための条件は $\rho_i^n = 1\ (i=1,\cdots,r)$ であり, n が $m_1, \cdots, m_r$ の最小公倍数 M で割りきれることである. よって σ の位数は M.

1-3 (1) $\Delta(x_1, x_2, \cdots, x_n)$
$$= (x_1 - x_2)(x_1 - x_3) \cdots (x_1 - x_n)$$
$$(x_2 - x_3) \cdots (x_2 - x_n)$$
$$\cdots\cdots\cdots\cdots$$
$$(x_{n-1} - x_n)$$
とおき, 置換 σ に対して $\Delta(x_{\sigma(1)}, x_{\sigma(2)}, \cdots, x_{\sigma(n)})$ をつくる. $\sigma = \tau_1 \tau_2 \cdots \tau_r$ と互換の積であれば, $\Delta(x_{\sigma(1)}, x_{\sigma(2)}, \cdots, x_{\sigma(n)}) = (-1)^r \Delta$ である. よって r は $\bmod 2$ で一定である.

(2) $\sigma = \tau_1 \tau_2 \cdots \tau_r$ と互換の積で表わされるならば, $\sigma^{-1} = \tau_r \tau_{r-1} \cdots \tau_1$. よって $\tau, \sigma \in A_n$ ならば $\tau\sigma^{-1} \in A_n$. よって A_n は部分群である. また $\rho \in S_n, \sigma \in A_n$ のとき $\rho \in A_n, \rho \notin A_n$ にかかわらず $\rho^{-1}\sigma\rho$ は偶数個の置換の積となるので $\rho^{-1}\sigma\rho \in A_n$. また $\rho, \eta \notin A_n$ のとき $\eta\rho^{-1} \in A_n$ となるので $\eta \in A_n\rho$. よって
$$S_n = A_n \cup A_n\rho$$
となり, 群指数は 2 である.

1-4 (1) $S_2 = \{(1\ 2), 1\}$ は位数 2 の巡回群であるから減少列として $G_0 = S_2, G_1 = 1$ をとればよい. S_3 のうち
$$A_3 = \{(1\ 2\ 3), (1\ 3\ 2), 1\}$$
は S_3 の正規部分群であり, $S_3/A_3, A_3$ はそれぞれ位数 2, 3 の

巡回群である．よって減少列として $G_0 = S_3, G_1 = A_3, G_2 = 1$
をとればよい．

(2) G が可換群ならば $G_0 = G, G_1 = 1$ にとればよい．(1)
の S_3 は可換群でないから，これが逆の成立しない例である．

1-5 N を群 G の正規部分群とし，自然準同型写像 $f: G \to G/N$ を考える．(b) の十分性からまず任意の $x, y \in G$ に対して $x^{-1}y^{-1}xy \in N$ とする．$x', y' \in G/N$ を任意にとり
$$f(x) = x', \qquad f(y) = y'$$
とすると
$$x'^{-1}y'^{-1}x'y' = f(x)^{-1}f(y)^{-1}f(x)f(y)$$
$$= f(x^{-1}y^{-1}xy) = 1.$$
よって $x'y' = y'x'$ となり G/N はアーベル群である．とくに，G をアーベル群とすると部分群 N は正規部分群であり，仮定が満たされるので，G/N はアーベル群である．これが (a)．逆に G/N がアーベル群であるとする．$x, y \in G$ を任意にとると
$$f(x^{-1}y^{-1}xy) = f(x)^{-1}f(y)^{-1}f(x)f(y) = 1.$$
よって $x^{-1}y^{-1}xy$ は f の核 N に属する．

1-6 4次の交代群（偶置換の全体）
$$A_4 = \{1, (i\ j\ k), (i\ j)(k\ l)\} \quad (\text{位数 } 12)$$
は S_4 の正規部分群である．このうち
$$F = \{1, (i\ j)(k\ l)\} \quad (\text{位数 } 4)$$
とすると，次の計算が示すように F は A_4 の正規部分群である．
$$(i\ j\ k)^{-1}(i\ j)(k\ l)(i\ j\ k) = (i\ k)(j\ l)$$
$$\{(i\ k)(j\ l)\}^{-1}(i\ j)(k\ l)\{(i\ k)(j\ l)\} = (i\ j)(k\ l)$$
第2式から F はアーベル群であることがわかるので
$$S_4 \supset A_4 \supset F \supset \{1\}$$
をとれば，可解であることがわかる．

1-7 偶置換は互換2個ずつの積として表わされる．このとき

$$(i\ j)(i\ k) = (i\ k\ j)$$
$$(i\ j)(k\ l) = (i\ j)(i\ k)(k\ i)(k\ l) = (i\ k\ j)(k\ l\ i)$$
であるから，偶置換は3次の巡回置換で生成される．

3-1 $f(x) = (x^2-3)(x^2-2)$
の分解体は $E = Q(\sqrt{3}, \sqrt{2})$,
$$g(x) = \{x^2-(5+2\sqrt{6})\}\{x^2-(5-2\sqrt{6})\}$$
$$= (x-\sqrt{3}-\sqrt{2})(x+\sqrt{3}+\sqrt{2})$$
$$\times (x-\sqrt{3}+\sqrt{2})(x+\sqrt{3}-\sqrt{2})$$
の分解体は $F = Q(\sqrt{3}+\sqrt{2}, \sqrt{3}-\sqrt{2})$,
$$\sqrt{3} = \frac{1}{2}\{(\sqrt{3}+\sqrt{2})+(\sqrt{3}-\sqrt{2})\},$$
$$\sqrt{2} = \frac{1}{2}\{(\sqrt{3}+\sqrt{2})-(\sqrt{3}-\sqrt{2})\}$$

であるから $E \subset F$ であり，逆もなりたつので $E = F$. これは Q 上4次の拡大体で，ガロア群の要素は次のような写像である．

(i) $\alpha_1 = \sqrt{3}, \alpha_2 = -\sqrt{3}, \alpha_3 = \sqrt{2}, \alpha_4 = -\sqrt{2}$ として
$$1, \begin{pmatrix} 1 & 2 & 3 & 4 \\ 2 & 1 & 3 & 4 \end{pmatrix}, \begin{pmatrix} 1 & 2 & 3 & 4 \\ 1 & 2 & 4 & 3 \end{pmatrix}, \begin{pmatrix} 1 & 2 & 3 & 4 \\ 2 & 1 & 4 & 3 \end{pmatrix}$$
$$1, (1\ 2), (3\ 4), (1\ 2)(3\ 4)$$

(ii) $\beta_1 = \sqrt{3}+\sqrt{2}, \beta_2 = -\sqrt{3}-\sqrt{2}, \beta_3 = \sqrt{3}-\sqrt{2}, \beta_4 = -\sqrt{3}+\sqrt{2}$ として
$$1, \begin{pmatrix} 1 & 2 & 3 & 4 \\ 4 & 3 & 2 & 1 \end{pmatrix}, \begin{pmatrix} 1 & 2 & 3 & 4 \\ 3 & 4 & 1 & 2 \end{pmatrix}, \begin{pmatrix} 1 & 2 & 3 & 4 \\ 2 & 1 & 4 & 3 \end{pmatrix}$$
すなわち $1, (1\ 4)(2\ 3), (1\ 3)(2\ 4), (1\ 2)(3\ 4)$.

(**注意**) このように同じ分解体をもち，ガロア群であっても，S_n の中への表現は異なることは起こりうるわけである．

3-2 α を根にもつ K 上の既約多項式を $p(x)$ とすると $p(x)$ は $g(x)$ の約数である．α を β に移す G の要素 σ が存在すれ

ば，$p(\alpha)=0$ から $p(\sigma\alpha)=0$, すなわち $p(\beta)=0$ である．よって $g(\beta)=0$ となり，$g(x)=0$ と $h(x)=0$ が共通根をもたないことから $h(\beta)=0$ とはならない．

3-3 (1) 任意の2文字 i, j に対して1を i, 1を j に写像する G の要素をそれぞれ σ, τ とすれば $\tau\sigma^{-1}$ は i を j に写像するから，G は可遷である．逆は明らかである．

(2) $\sigma = (1\ 2\ \cdots\ n)$ に対して σ^{k-1} は1を k に写像するからである．

3-4 (1) $f(x)=0$ が重根をもつときは $D=0$ であり，すべては明らかであるから重根をもたないとする．第2章問題4-2 (2) により $D \in K, E = K(\alpha, \sqrt{D})$ である．

$\sqrt{D} \in K$ ならば $E = K(\alpha)$ となり $(E/K) = 3$ となってガロア群は S_3 ではあり得ない．$\sqrt{D} \notin K$ のとき $(K(\sqrt{D})/K) = 2$, $(K(\alpha)/K) = 3$ であるから $\sqrt{D} \notin K(\alpha)$. よって $(K(\alpha,\sqrt{D})/K) = 6$. よってガロア群は S_3 に一致する．

(2) $\left(\delta - \dfrac{a}{3\delta}\right)^3 + a\left(\delta - \dfrac{a}{3\delta}\right) + b = \dfrac{1}{\delta^3}\left(\delta^6 + b\delta^3 - \dfrac{a^3}{27}\right)$
$= 0$

の根がちょうど上に与えられた δ^3 である．

3-5 (1) S_3, (2) S_3, (3) S_2.

訳者あとがき

 エミール・アルティン氏は高木 = アルティンの類体論で知られる代数的整数論の著名な開拓者であった．彼が若くして発見した相互律とか，第2次大戦後に開拓したホモロジー理論による類体論の建設は，代数的整数論の歴史とともに永くその跡をとどめるものであろう．

 彼はいわゆる名人芸というか，自分が十分に納得し気に入ったものでなければ発表しない人であったかと思われる．それだけに発表された論文，著書はどれをみても珠玉の作品と思わせるものばかりである．

 この"ガロア理論入門"にしても同じである．ガロアの理論ではなく，アルティンのガロア理論とも言うべきものであり，従来の理論展開と違って，線形代数の基礎理論を巧みに用いていて，ガロア理論の本質がよく浮き彫りにされている．訳者自身が今まで早稲田大学の数学科の講義でテキストとして使ってきての実感である．

 そんなところへ数学科の敬愛する友人の有馬哲教授から，日本語訳を是非ともつくらないかと熱心に勧められ，編集部の須藤静雄氏が来られ再三の依頼をうけた．両氏のたび重なる勧めと，アルティンの原本に演習問題を付加す

れば講義用，自習用に大変良いということもあって，お引きうけすることにした．

そのため，各節ごとにある問題は訳者のつけたものであり，自習用の便を考えて，相当に精しい解答をつけた．また各節のはじめに［概要］をつけて，理論の展望をつかむ一助とすることにした．

終りに，日本語訳を勧められた有馬哲教授，校正を手伝って種々の有益な助言をして下さった小松建三氏，原稿の整理から本書の完成まで数多くの御苦労をおかけした編集部の須藤静雄氏に深い感謝の意を表する．

1974年　夏

寺田　文行

文庫版訳者あとがき

ガロアの理論とは何か

　君がまだ中学生の頃かな．それとも高校生の頃かな．2次方程式の解（根）の公式を習ったのは．2次

$$x = \frac{-b \pm \sqrt{b^2-4ac}}{2a}$$

2次方程式の解の公式

方程式の解法は，むかし昔の古代インドで知られていた．それはやがてバビロニアを経てギリシャに伝わる．14-16世紀にかけてのルネサンスの頃，ギリシャ・ローマの古代文化の復興の時代，ギリシャ文化の中心であったといえる幾何学・代数学も復活することになる．2次方程式の解法から，3次・4次方程式の解法・公式に人々の関心が向けられたのも，なりゆきである．その結果は16世紀のカルダーノ（1501-76），フェラリ（1522-65）の公式として知られるようになった（本文の問題3-4）．

　イタリアから西ヨーロッパに伝わったルネサンスの波は，当然ながら，幾何学・代数学を運んでいく．5次以上の代数方程式の解の公式に人々の努力が向けられるのも，これまた自然のなりゆきであった．

　その解決には，3世紀を経て，19世紀を俟たねばならなかった．アーベル（1802-29）とガロア（1811-32）に

よるのである．2人とも夭折した若い天才児であるばかりでなく，その結果は簡単に言えば「公式は存在しない」ということである．「存在しないこと」が論証されたのである．

このような数学史上の一大ロマン，一大果実が，この書の主な内容である．

数学者アルティンと私

20世紀の数学に数々の前進がある中で，高木貞治先生の類体論（1920）は特筆すべきものである．この類体論にガロア理論を結びつけたのがアルティンの相互律（1927）であり，以後類体論は高木-アルティンの類体論と呼ばれるようになった．第2次大戦後の1955年，アルティンをはじめとして欧米の整数論研究者が訪日し，高木先生の偉業と長寿をたたえる国際学会が東京・日光で開かれた．そのとき私は28歳の青二才であったが，参加の栄を受け，発表した論文内容がアルティンの賛辞を受けたことがあった．

当時アメリカにいた彼は，数年後ハンブルクに戻る予定であった．アメリカかドイツに来いよと言われ再会を約束したが，私の不都合のため，再会することなく7年後に他界された（1962）のが悔やまれてならない．彼の遺稿に例題を付けたのは私のささやかな，拙いレクイエムである．

本書の学習について

本書は彼がアメリカに滞在中，夏期学校で行なった講義ノートである．彼独自のユニークな理論展開はすばらしいが，初心者にとっては難しい面も多々ある．難解な部分をマスターする最良の方法は，数人でセミナーを持ち，討論しながら進めることである．しかしながら独りで学習することも少なくないであろう．そんな時のための学習上の注意を記しておく．

<u>書くこと</u>　単に目で読み，考えていくという学習法ではなく，書きながら進むこと．後で読み返すためのノートではなく，書き捨てノートとボールペンを用意することである．そして独自の図や記号を伴いながら進めていく．

<u>覚えること</u>　一度の通読で分かる内容ではない．少なくとも3回は学び返すことになろう．数学の理論は"定義"にはじまり，"定理"と"Example"を繰り返しながら積み上げられていく．それらを書きながら覚えることを心がけつつ書き捨てノートを進めることをすすめる．

<u>まねること</u>　定理の構成の中ばかりでなく，いやそれ以上にその証明の中に理論の秘密がかくれている．私が添付した問題群は拙いけれど，本文のまねと Example を補うつもりで利用して下さい．

理論化の精神

「ギリシャの幾何学は，万象の根源にさかのぼり，理論化する手本である．理論化の精神と姿を学ぶことに，数

学学習の大きな意義がある．ヨーロッパで栄えたニュートンの力学をはじめとする諸科学は，ギリシャ以来の理論化の精神の結実である．数学教育の根本も理論化の精神の学びとりにある．」これは私の敬愛した秋月康夫先生（1902-84,『輓近代数学の展望』の著者）が常に口にされていた言葉である．平凡な解の公式にはじまった理論が数千年を経てこのような大理論にまとまったわけである．学び返しが数回を要したとしても不思議ではない．一応学習を終えたときには，その限りないさらなる発展を想い，これを作り出した人類の叡智に乾杯しようではないか．

2010 年 2 月

寺田 文行

解説 「ガロア理論」について

佐武 一郎

1. 本書の主題である「ガロア理論」は，言うまでもなく，19世紀の初頭，フランスが生んだ天才数学者エヴァリスト・ガロア (1811-1832) が創造した群と代数方程式に関する理論である．

ガロアは1811年10月パリ郊外の学校経営者の長男として生れた．1829年17歳のとき，ナポレオン時代に創立されたエコール・ポリテクニク（諸工芸学校）の2度目の受験には失敗したが，エコール・ノルマル（師範学校）の入試に合格した．ルイ・ル・グラン校のリシャール先生の指導もあって数学に特異の才能を現わし始め，1829-30年には科学学士院に（ガロア理論に関連した）論文を提出，続いてフェリュサック誌にも論文を発表した．（学士院に提出した二編の論文は，審査担当のコーシーやフーリエの事情によって紛失してしまった．）一方彼はこの頃から，共和主義運動に興味をもち，政治活動に没頭するようになった．そのため1831年1月にはエコール・ノルマルから追放され，後にはサント・ペラジーの監獄で数か月を過したりした．1832年5月30日（動機不明の）決闘のため重傷を負い，病院に運ばれたが，翌朝満

20歳で世を去った．

決闘の前夜，友人オーギュスト・シュヴァリエあてに書かれた遺書に，彼の達成した数学上の成果の概略がまとめられている．ガロア理論とその応用については，この遺書の他に学士院提出の論文を書き改めた遺稿もあり，1846年リウヴィル（Liouville）によって，他の論文・遺稿と共に，リウヴィル誌に発表された．これは後に『全集』として1897年フランス数学会から，更に補充されたものが1962年Gauthier Villars社から，出版された．（ガロアの生涯については，高木貞治『近世数学史談』（岩波文庫）§21，より精しくは彌永昌吉『ガロアの時代　ガロアの数学』（シュプリンガー・フェアラーク東京）参照．）

2. 方程式論に対するガロアの発想の要点は次のようにまとめることができる．

> 1）群，体等の抽象概念を導入して，問題を抽象代数的に定式化した．

具体的にいえば，代数方程式
$$f(x) = x^n + a_1 x^{n-1} + \cdots + a_n = 0 \quad (*)$$
が与えられたとき，まず係数 $a_1, \cdots, a_n$ を含む体 K を考える．（体の定義については，本書§I.1参照．）この解説では簡単のため，$K \subset \mathbb{C}$（複素数体）の場合だけ考える．ガウスの代数学の基本定理により（一般の場合には§II.3，クロネッカーの定理により），

$$f(\alpha) = (x-\alpha_1)\cdots(x-\alpha_n)$$
と一次因数の積に分解されるから,拡大体 $E=K(\alpha_1,\cdots,\alpha_n)$ が考えられる.これを $f(x)$ の K 上の(最小)"分解体"という(§II.4).($f(x)$ を"既約",すなわち,K において分解不可能とすれば,$f(x)$ は単根のみをもつ,すなわち"分離的"になる.)

2) 拡大 E/K に対し,その自己同型群 G を考える.

拡大 E/K の"自己同型"とは,E の自分自身への(体の)同型写像で,K の元を不変にするものである(§II.3).E/K の自己同型全体の集合 G は,自然な乗法により(すなわち,$\sigma,\tau \in G$ に対し,その合成写像 $\sigma\tau$ を積と定義することにより)群の構造をもつ.これを拡大 E/K の**自己同型群**という.ここでは仮に $G=\mathrm{Aut}(E/K)$ とかく.G のすべての元に対して不変な E の元の集合 K' は E の部分体になる.これを G の"不変体"といい,仮に $K'=E^G$ とかく.このとき,アルティンの用語では,E/K' を"正規拡大"という(§II.8).通常の用語では,E/K' を**ガロア拡大**,G をその**ガロア群**という.

$E=K(\alpha_1,\cdots,\alpha_n)$ のときには,$K=E^G$ である.すなわち,(最小)分解体はガロア拡大になる(§II.8,定理18).このとき,G の元 σ にそれが引き起こす根 $\alpha_1,\cdots,\alpha_n$ の置換

$$\begin{pmatrix} \alpha_1, & \alpha_2, & \cdots, & \alpha_n \\ \sigma(\alpha_1), & \sigma(\alpha_2), & \cdots, & \sigma(\alpha_n) \end{pmatrix}$$

を対応させれば, G を n 文字 $\alpha_1, \cdots, \alpha_n$ の置換群と見なすことができる. 本書ではこの意味で G を根の置換群と考え, それを"代数方程式(*)のガロア群"と呼んでいる (§III.3).

3. 上と同じ記号の下に, $K = E^G$ とすれば, 中間体 $K \subset B \subset E$ と部分群 $U \subset G$ の間に

$$U \longrightarrow B = E^U,$$
$$B \longrightarrow \mathrm{Aut}(E/B)$$

という関係で, $1:1$ の対応 $B \longleftrightarrow U$ が成立する. 更にここで B/K が正規拡大になるためには, 対応する U が G の正規部分群であることが必要十分で, そのとき

$$\mathrm{Aut}(B/K) = G/U \quad (\text{商群})$$

が成立する (§II.8, 定理 17). これが**ガロア理論の基本定理**である.

この基本定理の応用として, 与えられた代数方程式(*)がベキ根 (累乗根) によって解けるためには, そのガロア群 G が"可解群"になることが必要十分であることが証明される (§III.2, 定理 41). 特に5次以上の一般方程式はベキ根によって解くことは不可能である (定理 43, アーベルの定理).

本書には更にガロア理論の実例として, 有限体の有限次拡大 (§II.10, 'ガロア体'の理論), 1 のベキ根の体 (円

周等分方程式）（§II.11），クンマー体（§II.13），素数次の代数方程式が可解になるための条件（§III.3，これはすでにガロアの遺書の中に論じられている！），コンパスと定規による作図問題（§III.4，ガロア群 G の位数が2のベキになる場合）等が精述されている．

4. ここで話をガロアの遺書に戻し，その最後の一節を読むと

「予はこのごたごた（gâchis）を判読して自得するものが後に来ることを期待している．」

とある．実際，ガロアの原文は，定義や説明の不備もあって，非常に難解で，理解されるまでに長い年月を要した．19世紀後半，多くの有力な数学者達の努力によって，次第に解明され，今日の代数学の教科書（たとえば本書）に見るような美しい形にまとめ上げられたのである．中でもデデキントが1855-57年ゲッティンゲン大学の私講師の時代に，ガロア理論の講義をしたこと，また後年（1882年，H. ウェーバーと共に）代数体との類似をたどって代数関数体とリーマン面の代数的理論を構成したこと（この場合，代数関数体の正規拡大のガロア群は対応するリーマン面の被覆群として実現される）等は特筆されてよいかと思う．

歴史をさかのぼれば，群の概念はすでに紀元前ギリシャ幾何学の中に，合同定理として implicit に存在していたと言えるかもしれない．しかし"群"という概念を明確

な形で数学的対象として捉えた所が，ガロアの天才的なbreakthrough なのである．このガロアの発想が 19 世紀後半，カントルの集合論やヒルベルトの公理主義と相俟って，代数ばかりでなく数学全体の様相を一変させてしまったのである．

ガロア理論の直接の影響としては，微分方程式論におけるリーの変換群，特にリー群の理論を挙げることができる．より一般に，与えられた数学的対象に対してその自己同型群を考えることは，現代数学では常識化した手段である．クラインのエルランゲン・プログラム (1872) 等はその初期の一例ということができる．

5. 本書の原著者エミール・アルティン (Emil Artin) は 1898 年ウィーンの生れ．20 歳のとき，ライプツィヒ大学の学生となり，ヘルグロツ (Herglotz) の指導を受けて，2 年後に Ph.D を取得した．ゲッティンゲンで 1 年過ごした後，ハンブルク大学に移り，1926 年，28 歳で正教授になった．第 2 次大戦前の 1937 年アメリカに移住し，ノートル・ダム大学，インディアナ大学等を経て，1946 年プリンストン大学教授となり，1958 年まで滞在した．同年帰国して，ハンブルクに戻ったが，1962 年 65 歳で急逝した．

筆者は 1955 年東京・日光の代数的整数論国際学会のとき，彼に会う機会に恵まれた．かつて彼の講義をきいたことのあるヴェイユ (Weil) やシュヴァレー (Chevalley)

達に囲まれて兄貴分らしい風格であったこと，植物園に案内した時，食虫植物を見つけて喜んでおられたこと等想い出される．彼の東大における講義も印象的であった．

彼の講義については，『全集』(S. ラング，J. テイト編，Addison-Wesley, 1965) の序文の最後の一節を引用するのがよいかと思う．

「アルティンはすべてのレベルの教育を愛好した．研究専任教授に任じられているときにも，初等解析学のコースを，定期的に，教えることを止めなかった．彼の講義やセミナーはその完全さと聴衆に与える高揚感によって有名であった．それは彼の代数学における見解を広く知らせるのに貢献した．特にアルティンとエミー・ネーターの講義に基づくファン・デル・ヴェルデンの教科書は過去30年間にわたって抽象代数学の基本的な参考文献になったのである．」

本書は，著者のまえがきに述べられているように，ノートル・ダム大学の夏期学校での講義に基づいている．そのため，現代代数学に関してはごく僅かな知識しか仮定せず，しかも短い間にガロア理論の要点を理解できるように工夫されている．具体的には，第1章，線形代数の解説では，抽象的ベクトル空間の部分空間や線形写像の定義を省き，連立一次方程式の言葉で具体的に説明している．また体の自己同型群に関する基本的結果（§II.8, 定理14）に，線形代数を応用して簡明な証明を与えている．（この結果はしばしば"アルティンの補題"として引用される.）

最後に読者の参考のために，アルティンが残した他の講義録の中から有名なものをいくつか挙げておこう：

「ガンマ関数論入門」(1931)，「極小条件をみたす環」(1948)，「代数的数と代数関数」(1950)，「幾何的代数」(1957)，「類体論」(テイトと共著, 1961).

(さたけ・いちろう／カリフォルニア大学名誉教授・東北大学名誉教授)

索引

ア行

一般多項式 153
ウィルソンの定理 109
上への同型写像 52
n 乗根 110
円周等分多項式 112
オイラーの関数 111

カ行

階数 20, 121
ガウスの数体 10
ガウスの定理 114
可解 139
可換体 10
拡大体 38, 146
角の三等分 167
可遷群 152
可遷領域 151
可約 41
ガロア群 151
関係（生成系の間の） 101
基底定理 100, 101
基本対称式 69
基本定理（ガロア理論の） 80
既約 41
行階数 19
行ベクトル 18
共役 141
行列 19
行列式 26
行列式の乗法公式 30

クラーメルの公式 36
クロネッカーの定理 53
クンマー体 127
原始要素 90
交代群 145

サ行

次元 15
次数（体の） 39
指標 61
指標群 122
自明な解 12
斜体 10
自由アーベル群 108
準アーベル拡大体 146
商群 79
推進定理 134
正規拡大体 75
正規部分群 79
生成（体の） 38
生成系 15
跡 73
線形群 157
線形従属 15
線形独立 15
線形和 15
双対群 122

タ行

体 9
対称関数 68
対称群 143

対称式の基本定理 70
代数的 45, 86
多項式 41
単純拡大体 90
置換 143
中間体 55
中心 142
デロス島の問題 167
転置 21
同型写像 52
同次連立方程式 24
導関数 95
トレース 73

　　　　ハ　行

非自明な解 12
左ベクトル空間 11
ヒルベルトの定理90　117
付加 38

部分空間 18
部分体 38
不変体 63
不変要素 63
分解体 56
分離拡大体 75
分離的 75
ベクトル空間 10

　　　マ, ヤ, ラ行

右ベクトル空間 11
有限次拡大体 39
有限体 10
余因子 32
累乗根 110
累乗根による拡大体 146
列階数 19
列ベクトル 18

本書は、一九七四年十月二十一日、東京図書より刊行された。

書名	著者/訳者	内容紹介
数学をいかに使うか	志村五郎	「何でも厳密に」などとは考えてはいけない」——。世界的数学者が教える「使える」数学とは。オリジナル書き下ろし。
数学をいかに教えるか	志村五郎	日米両国で長年教えてきた著者が日本の教育を斬る！掛け算の順序問題、悪い証明と間違えやすい公式のことから外国語の教え方まで。
記憶の切繪図	志村五郎	世界的数学者の自伝的回想。幼年時代、プリンストンでの研究生活と数多くの数学者との交流と評価。巻末に「志村予想」への言及を収録。(時枝正)
通信の数学的理論	W・C・E・シャノン/植松友彦訳	IT社会の根幹をなす情報理論はここから始まった。発展いちじるしい最先端の分野に、今なお根源的な洞察をもたらす古典的論文が新訳で復刊。
数学という学問 I	志賀浩二	ひとつの学問として、広がり、深まりゆく数学。数・微積分・無限など「概念」の誕生と発展を軸にその歩みを辿る。オリジナル書き下ろし。全3巻。
現代数学への招待	志賀浩二	「多様体」は今や現代数学必須の概念。「位相」、「微分」などの基礎概念を丁寧に解説・図説しながら、多様体のもつ深い意味を探ってゆく。
シュヴァレー リー群論	クロード・シュヴァレー/齋藤正彦訳	現代的な視点から、リー群を初めて大局的に論じた古典的名著。著者の導いた諸定理はいまなお有用性を失わない。本邦初訳。
現代数学の考え方	イアン・スチュアート/芹沢正三訳	現代数学は怖くない！「集合」「関数」「確率」などの基本概念をイメージ豊かに解説。直観で現代数学の全体を見渡せる入門書。図版多数。(平井武)
若き数学者への手紙	イアン・スチュアート/冨永星訳	研究者になるってどういうことか。現役で活躍する数学者が豊富な実体験を紹介。数学との付き合い方から「してはいけないこと」まで。(砂田利一)

書名	著者/訳者	内容
ゲルファント 座標法	ゲルファント/グラゴレワ/キリロフ 坂本 實 訳	座標は幾何と代数の世界をつなぐ重要な概念。数直線のおさらいから四次元の座標幾何までを、世界的数学者のおさらいが丁寧に解説する入門書。
ゲルファント やさしい数学入門 関数とグラフ	ゲルファント/グラゴレワ/シュノール 坂本 實 訳	数学でも「大づかみに理解する」ことは大事。グラフ化＝可視化は、関数の振る舞いをマクロに捉える強力なツールだ。世界的数学者による入門書。
解析序説	小林龍一／廣瀬健／佐藤總夫	自然や社会を解析するための、「活きた微積分」のセンスを磨く！差分・微分方程式までを丁寧にカバーした入門者向け学習書。（笠原晧司）
確率論の基礎概念	A・N・コルモゴロフ 坂本 實 訳	確率論の現代化に決定的な影響を与えた『確率論の基礎概念』に加え、有名な論文「確率論における解析的方法について」を併録。全篇新訳。
物理現象のフーリエ解析	小出昭一郎	熱・光・音の伝播から量子論まで、振動・波動にもとづく物理現象とフーリエ変換の関わりを丁寧に解説。物理学の泰斗による教科書。
ガロワ正伝	佐々木力	最大の謎、決闘の理由がついに明かされる！難解なガロワの数学思想をひもといた後世の数学者たちにも迫る、文庫版オリジナル書き下ろし。
ブラックホール	R・ルフィーニ 佐藤文隆 訳	相対性理論から浮かび上がる宇宙の「穴」。星と時空の謎に挑んだ物理学者たちの奮闘の歴史と今日的課題に迫る。写真・図版多数。
はじめてのオペレーションズ・リサーチ	齊藤芳正	問題を最も効率よく解決するための科学的意思決定の手法。当初は軍事作戦計画として創案されたが、現在では経営科学等多くの分野で用いられている。（千葉逸人）
システム分析入門	齊藤芳正	意思決定の場に直面した時、問題を解決し目標を達成する多くの手段から、最適な方法を選択するための論理的思考。その技法を丁寧に解説する。

ガロア理論入門

二〇一〇年四月十日　第一刷発行
二〇二三年六月五日　第七刷発行

著者　エミール・アルティン
訳者　寺田文行（てらだ・ふみゆき）
発行者　喜入冬子
発行所　株式会社　筑摩書房
　　　　東京都台東区蔵前二─五─三　〒一一一─八七五五
　　　　電話番号　〇三─五六八七─二六〇一（代表）
装幀者　安野光雅
印刷所　大日本法令印刷株式会社
製本所　株式会社積信堂

乱丁・落丁の場合は、送料小社負担でお取り替えいたします。
本書をコピー、スキャニング等の方法により無許諾で複製する
ことは、法令に規定された場合を除いて禁止されています。請
負業者等の第三者によるデジタル化は一切認められていません
ので、ご注意ください。

©YASUKO TERADA 2010 Printed in Japan
ISBN978-4-480-09283-0 C0141